Stephen Euler

Grundkurs
Spracherkennung

Computational Intelligence

Herausgegeben von Wolfgang Bibel, Rudolf Kruse und Bernhard Nebel

Aus den Kinderschuhen der „Künstlichen Intelligenz" entwachsen bietet die Reihe breitgefächertes Wissen von den Grundlagen bis in die Anwendung, herausgegeben von namhaften Vertretern Ihres Faches.

Computational Intelligence hat das weitgesteckte Ziel, das Verständnis und die Realisierung intelligenten Verhaltens voranzutreiben. Die Bücher der Reihe behandeln Themen aus den Gebieten wie z. B. Künstliche Intelligenz, Softcomputing, Robotik, Neuro- und Kognitionswissenschaften. Es geht sowohl um die Grundlagen (in Verbindung mit Mathematik, Informatik, Ingenieurs- und Wirtschaftswissenschaften, Biologie und Psychologie) wie auch um Anwendungen (z. B. Hardware, Software, Webtechnologie, Marketing, Vertrieb, Entscheidungsfindung). Hierzu bietet die Reihe Lehrbücher, Handbücher und solche Werke, die maßgebliche Themengebiete kompetent, umfassend und aktuell repräsentieren.

Unter anderem sind erschienen:

Sehen und die Verarbeitung visueller Information
von Hanspeter A. Mallot

Information Mining
von Thomas A. Runkler

Methoden wissensbasierter Systeme
von Christoph Beierle und Gabriele Kern-Isberner

Neuro-Fuzzy-Systeme
von Detlef Nauck, Christian Borgelt, Frank Klawonn und Rudolf Kruse

Evolutionäre Algorithmen
von Ingrid Gerdes, Frank Klawonn und Rudolf Kruse

Quantum Computing verstehen
von Matthias Homeister

Grundkurs Spracherkennung
von Stephen Euler

www.vieweg.de

Stephen Euler

Grundkurs Spracherkennung

**Vom Sprachsignal zum Dialog –
Grundlagen und Anwendung
verstehen – Mit praktischen
Übungen**

Mit 63 Abbildungen

vieweg

Bibliografische Information Der Deutschen Bibliothek
Die Deutsche Bibliothek verzeichnet diese Publikation in der Deutschen Nationalbibliografie;
detaillierte bibliografische Daten sind im Internet über <http://dnb.ddb.de> abrufbar.

Höchste inhaltliche und technische Qualität unserer Produkte ist unser Ziel. Bei der Produktion und
Auslieferung unserer Bücher wollen wir die Umwelt schonen: Dieses Buch ist auf säurefreiem und
chlorfrei gebleichtem Papier gedruckt. Die Einschweißfolie besteht aus Polyäthylen und damit aus
organischen Grundstoffen, die weder bei der Herstellung noch bei der Verbrennung Schadstoffe
freisetzen.

1. Auflage April 2006

Alle Rechte vorbehalten
© Friedr. Vieweg & Sohn Verlag | GWV Fachverlage GmbH, Wiesbaden 2006

Lektorat: Günter Schulz / Andrea Broßler

Der Vieweg-Verlag ist ein Unternehmen von Springer Science+Business Media.
www.vieweg.de

Konzeption und Layout des Umschlags: Ulrike Weigel, www.CorporateDesignGroup.de
Umschlagbild: Nina Faber de.sign, Wiesbaden
Druck- und buchbinderische Verarbeitung: MercedesDruck, Berlin

ISBN 3-8348-0003-1

Vorwort

„Papa spricht mit dem Computer." So selbstverständlich ist für unseren dreijährigen Sohn die Spracheingabe in einen Rechner. Wie soll er auch wissen, welche große Herausforderung diese Aufgabe stellt und wie viel Arbeit erforderlich war, um den jetzigen Stand der Technik zu erreichen. Beiträge aus den unterschiedlichsten Fachgebieten wie Phonetik, Signalverarbeitung, Statistik, Algorithmentheorie und Linguistik trugen zu dem Fortschritt bei. Das Erkennen und Verstehen von Sprache beinhaltet eine Reihe von grundsätzlichen Fragestellungen. Gleichzeitig ist Spracherkennung auch immer eine Kunst des Machbaren. Stets sind die Ressourcen wie die Rechenleistung oder der Umfang der Referenzdaten beschränkt, und es gilt, ein Optimum innerhalb der Grenzen des Realisierbaren zu finden.

Das Buch hat das Ziel, einen Überblick über das weite Feld der Spracherkennung zu geben. Sowohl Grundlagen als auch Aspekte der praktischen Anwendung werden behandelt. Das Buch entstand aus dem Skript zu einer einsemestrigen einführenden Vorlesung in das Thema Spracherkennung für Studierende verschiedener Informatikstudiengänge. Es richtet sich daneben auch an Studierende der Elektrotechnik, die sich ausgehend von der Signalverarbeitung in die Sprachverarbeitung einarbeiten wollen. Ebenso soll es Entwicklern und Praktikern ermöglichen, die Arbeitsweise sprachverarbeitender Systeme zu verstehen. Ausgehend vom Sprachsignal werden die einzelnen Verarbeitungsstufen von der Merkmalsextraktion bis hin zur Dialogbeschreibung behandelt. Einen Schwerpunkt bildet dabei die statistische Modellierung mit Hilfe von Hidden-Markov-Modellen. Die Darstellung ist auf die derzeit allgemein eingesetzten Konzepte konzentriert. Aus Platzgründen kann auf andere Ansätze wie neuronale Netze oder regelbasierte Systeme, nicht eingegangen werden, die durchaus mit Erfolg in der Spracherkennung verwendet werden.

Zahlreiche Übungen ergänzen die Darstellung. Sie führen von der Aufnahme von Sprachdaten über das Training eigener Erkenner bis zur Realisierung von Beispielanwendungen. Die Vorgehensweise zum Training eigener Modelle ist in einem eigenen Kapitel ausführlich beschrieben. Alle notwendigen Daten und Programme sind frei verfügbar. Informationen dazu findet man auf der Webseite

www.fh-friedberg.de/users/euler/sprache.htm

zu diesem Buch.

An dieser Stelle möchte ich den Kollegen und Studierenden danken, die zur Entstehung dieses Buches beigetragen haben. Mein besonderer Dank gilt meiner Familie für die Unterstützung und insbesondere für das sorgfältige Korrekturlesen.

Stephan Euler

Inhaltsverzeichnis

Kapitel 1

Einführung

1.1 Einleitung

In der Kommunikation zwischen Menschen spielt Sprache eine herausragende Rolle. Sowohl im Gespräch als auch beim Schreiben und Lesen benutzen wir tagtäglich Sprache um Ideen, Gedanken, Gefühle, etc. auszudrücken und mitzuteilen. Bereits in der Frühzeit der Computertechnik entstand der Wunsch, Sprache auch im Umgang mit Rechnern einsetzen zu können. Die Möglichkeit, Aufträge in natürlicher Sprache eintippen oder gar einsprechen zu können, versprach eine Vereinfachung der Schnittstelle zwischen Mensch und Maschine. Eine Aufforderung in der Art *„Eine Email an alle Hörer der Vorlesung ...“* wäre deutlich leichter und schneller eingegeben als der entsprechende Ablauf über mehrfache Auswahl in diversen Menüs.

Frühzeitig begann die intensive Forschung in allen Feldern der Sprachverarbeitung, und erste Realisierungen von Systemen entstanden. Der Bogen spannte sich bei den Spracherkennungssystemen von Wortschätzen von wenigen Wörtern (z. B. Ziffern) bis hin zu großen Wortschätzen ($>$1000) für Dialog- oder Diktieranwendungen. Insbesondere die „sprachgesteuerte Schreibmaschine“ wurde als Anwendung mit hohem praktischem Nutzen und Marktpotential verfolgt.

Entgegen den ersten optimistischen Prognosen erwiesen sich die Probleme als sehr schwierig. Trotz intensiver Entwicklungsarbeiten war nur ein langsamer Fortschritt möglich. Mittlerweile existieren eine ganze Reihe von kommerziellen Systemen in den verschiedensten Anwendungsfeldern. Aber bei allen Erfolgen kann immer noch nicht davon gesprochen werden, dass die Herausforderungen gelöst sind. Die verfügbaren Systeme beinhalten stets deutliche Einschränkungen. Sei es, dass sie nur bei besten akustischen Bedingungen zuverlässig arbeiten oder nur eingeschränkte Bereichen abdecken. Selbst die aktuellen Forschungsprototypen sind noch deutlich von der menschlichen Leistungsfähigkeit entfernt.

Es stellt sich die Frage, wieso trotz des beträchtlichen Forschungs- und Entwicklungsaufwands und aller Fortschritte in der Computertechnik nicht mehr erreicht werden konnte. Im nächsten Abschnitt wird ein Einblick in die Problematik der Sprachverarbeitung gegeben. Dabei wird zunächst als Ausgangspunkt jeweils die Textform angenommen. Die Diskussion der speziellen Probleme bei der Erkennung gesprochener Sprache wird auf Kapitel 2 verschoben.

1.2   Was macht Sprache so schwierig?

Die Sprachen haben sich in einem langen Entwicklungsprozess gebildet. Dieser Prozess ist keineswegs abgeschlossen. Ständig entstehen neue Wortschöpfungen, Wörter werden aus anderen Sprachen entlehnt, und auf der anderen Seite verschwinden Wörter als veraltet aus dem Gebrauch. Auch die Verwendung von grammatikalischen Strukturen ist einem gewissen Wandel unterworfen. Ein aktuelles Beispiel ist der zunehmende Gebrauch von Sätzen in der Art „Weil es ist modern, ...", d. h. Weil-Sätze mit veränderter Stellung des Verbs [HW99].

   Anders als bei formalen Sprachen wie Programmiersprachen lässt sich eine „lebendige" Sprache nicht auf einige wenige Grundregeln beschränken. Vielmehr existieren eine Unzahl von Ausnahmen und Sonderfällen. Genauso wenig stellt ein Satz notwendigerweise eine klare und eindeutige Aussage dar. Nur in Verbindung mit weiteren Informationen – Hintergrundwissen – erschließt sich dann der Sinn. Einige Beispiele für solche Mehrdeutigkeiten sind:

1. Der Junge ist verzogen.

2. Time flies like an arrow.

3. Treffen wir uns vor dem Theater.

4. Christine hat eine Katze. Sie ist sehr groß.

5. Wir müssen noch einen Termin ausmachen.

In den ersten beiden Beispielen führt bereits die grammatikalische Analyse zu Mehrdeutigkeiten. Ob der Junge schlecht erzogen oder kürzlich umgezogen ist, lässt sich nicht entscheiden. In einem Fall sind *ist verzogen* Verb und Adjektiv und im anderen Fall Hilfsverb und Partizip. Das englische Sprichwort in Beispiel 3 hat für uns einen klar verständlichen Inhalt. Aber wenn man diesen Sinn außer acht lässt, gibt es durchaus alternative Lesarten. So könnten *time flies* eine Art von Insekten sein, die einen Pfeil gerne haben. Diese mögliche Aussage werden wir beim Lesen des Satzes gar nicht in Erwägung ziehen. Unser Wissen über Insekten hilft uns, diese Alternative zu ignorieren.

   Das dritte Beispiel zeigt die Mehrdeutigkeit des Wortes *vor*. Die Angabe kann sich sowohl auf den Ort (*auf dem Platz vor dem Theater*) als auch auf den Zeitpunkt (*vor Beginn der Veranstaltung*) beziehen. Das Pronomen *sie* im vierten Beispiel kann nicht eindeutig zugeordnet werden. Es ist nicht zu entscheiden, ob sich die Aussage *sehr groß* auf Christine oder die Katze bezieht. Bei dem aus dem Projekt Verbmobil [Wah00] sehr bekannten Satz 5. ist in geschriebener Form unklar, ob es sich um einen weiteren Termin handelt oder ob zum Abschluss eines Dialog noch die Terminvereinbarung fehlt. Hört man den Satz von einem Gesprächspartner, so kann an Hand der Betonung zwischen den beiden Bedeutungen unterschieden werden. In der geschriebenen Form fehlt demgegenüber die Information über die Betonung.

Viele Wörter haben mehr als eine Bedeutung. Einige Beispiele für Wörter mit mehreren Bedeutungen sind

- Bank (Geldinstitut oder Sitzgelegenheit)

- Band (Buch, Stoff oder Musikgruppe)

- umsonst (sinnlos oder unentgeltlich)

Oft – aber nicht immer – erschließt sich die Bedeutung eines Wortes aus dem Kontext.

Manche Sachverhalte lassen sich nicht einfach formulieren. Im Verkehrsverbund München gilt die Regel *Fahren nur mit gültiger entwerteter Fahrkarte*. In München kann man Fahrkarten auf Vorrat kaufen. Unmittelbar vor Fahrtantritt muss man eine Fahrkarte dann entwerten, damit sie für die Fahrt gültig ist (und ungültig nach Ende der Fahrt). Die zitierte Anweisung ist ohne dieses Wissen schwer verständlich.

Wie stark wir unser Weltwissen nutzen zeigt die Interpretation des Schildes an einer Tankstelle: *Benzin, Öl, Kreditkarten*. Es ist uns unmittelbar klar, dass an dieser Tankstelle Benzin und Öl verkauft werden und Kreditkarten als Zahlungsmittel akzeptiert werden. Niemand kommt auf die Idee, an einer Tankstelle eine Kreditkarte kaufen zu wollen. Die sprachliche Darstellung der Information ist auf ein absolutes Minimum reduziert. Der Sinn erschließt sich erst durch die Kombination mit dem Wissen über das Angebot und Zahlungsverfahren an Tankstellen.

Der Gebrauch von Sprache ist eine universelle Fähigkeit aller Menschen. Allerdings unterscheiden sich die vielen Sprachen der Welt deutlich. Das betrifft zunächst die Laute und die Regeln zur Bildung von Wörtern und Sätzen. Aber auch die möglichen Inhalte unterscheiden sich. Nicht in allen Sprachen lassen sich alle Aussagen gleich formulieren. Der deutsche Satz *Besprechen wir das bei einem Essen*, der zunächst nur ein Arbeitsessen ohne genauere Eingrenzung vorschlägt, lässt sich nicht direkt ins Englische übersetzen. Im Englischen gibt es keinen allgemeinen Ausdruck für *ein Essen*, sondern nur die speziellen Bezeichnungen wie *lunch* oder *dinner*.

Manche Sprachen erlauben in bestimmten Fällen eine feinere Differenzierung. So unterscheidet Englisch zwischen *Speech* und *Language*, während das Deutsche nur das eine Wort *Sprache* kennt. Ein berühmtes Beispiel sind die vielen Bezeichnungen für die Farbe *Weiß* in den Sprachen der Eskimos. Hier spiegelt die Sprache die Tatsache wider, dass für das Leben im Eis eine genaue Unterscheidung der Farbtöne sehr wichtig ist.

Die Darstellung in diesem Absatz soll für die komplexe und vielschichtige Struktur von Sprache sensibilisieren. Angesichts dieser Sicht von Sprache wird verständlich, wieso die maschinelle Verarbeitung eine so große Herausforderung darstellt. Besonders wichtig ist die Einsicht, dass Sprache nur in Kombination mit dem Wissen über die Welt vollständig verstanden werden kann. Die Verarbeitung von Sprache ist nicht nur eine Frage von Lexika und Grammatikregeln. Ohne eine geeignete Integration der höheren Wissensquellen sind anspruchsvolle Anwendungen nicht realisierbar.

1.3   Literatur

Eine zwar ältere, aber trotzdem sehr empfehlenswerte Darstellung über die Entstehung und den Aufbau der Sprachen der Welt ist das Buch von F. Bodmer [Bod88]. Anhand von ausführlichen Vergleichen stellt Bodmer die Beziehungen zwischen den verschiedenen Sprachen dar. Die dabei vermittelten Grundkenntnisse über grammatikalische Strukturen nutzt er nebenbei für Empfehlungen zu einem leichteren Erlernen von Fremdsprachen. Die Bände der Duden-Reihe sind einerseits Nachschlagewerke für alle Fragen zur Deutschen Sprache. Darüber hinaus enthalten einige Bände wie z. B. Band 6 Aussprachewörterbuch [Man00] kompakte Übersichten zu den jeweiligen Grundlagen.

Eine relativ aktuelle Darstellung des Themas Spracherkennung mit dem Schwerpunkt auf Anwendungsaspekten enthält das Buch von Susen [Sus99]. Allerdings sind aufgrund der raschen Entwicklung auf diesem Gebiet einige Angaben zu Firmen und verfügbaren Produkten bereits überholt. Eine Reihe von Titeln wie z. B. der Band von Paulus [Pau98] oder der Klassiker von Rabiner und Schafer [RS78] behandeln das Thema Sprachverarbeitung stärker aus der Sicht der Signalverarbeitung. Eine ausführliche Darstellung des Bereichs Digitale Sprachsignalverarbeitung findet sich in dem gleichnamigen Buch von Vary et. al. [VHH98]. Speziell dem Thema Spracherkennung, wenn auch mit unterschiedlichen Schwerpunkten, sind die beiden Bücher von Juang und Rabiner [RJ93] sowie Jelinek [Jel98] gewidmet. Als deutschsprachige Bände sind das allgemeinere Lehrbuch zur Sprachsignalverarbeitung von Eppinger und Herter [EH93] sowie insbesondere das Buch von Schukat-Talamazzini [ST99] zu nennen. Die Grundlagen der Modellierung mit Markov-Modellen mit Anwendungsaspekten werden von Fink [Fin03] ausführlich behandelt. Eine gute Einführung in den gesamten Bereich der Computerlinguistik bietet der von Carstensen und anderen herausgegebene Sammelband [C$^+$01].

Kapitel 2

Sprachverarbeitung

2.1 Spracherzeugung

Sprache wird durch Veränderung des von der Lunge kommenden Luftstroms erzeugt. Zunächst passiert der Luftstrom am Eingang der Luftröhre den Kehlkopf (medizinisch *Larynx*) mit den Stimmbändern. Stehen die Stimmbänder dicht beieinander, dann werden sie durch den Luftstrom zu periodischen Schwingungen angeregt. Es entsteht ein stimmhafter Laut. Die Frequenz der Schwingungen (Sprachgrundfrequenz, *fundamental frequency*) liegt im Mittel bei Männern um 100 Hz und bei Frauen um 180 Hz. Die Variation der Sprachgrundfrequenz ist zusammen mit Lautstärkeänderungen wesentlich für die Sprachmelodie einer Äußerung. Ist der Abstand zwischen den Stimmbändern groß, so kommt es zu keinen Schwingungen sondern nur zu Turbulenzen. Dann spricht man von stimmlosen Lauten.

Die weitere Lautbildung erfolgt im Vokaltrakt, d. h. dem durch Rachen, Mundhöhle und Nasenraum gebildeten Raum. Durch Absenken des Gaumensegels wird bei Bedarf die Verbindung zum Nasenraum geöffnet. Der Luftstrom kann in diesem Fall auch durch die Nasenhöhle austreten (Nasallaute). Je nach Art der Luftströmung lassen sich zwei Lautklassen unterscheiden:

- Vokale: die Luft strömt relativ ungehindert durch den Vokaltrakt. Im Wesentlichen abhängig von der Position von Zunge und Lippen bilden sich unterschiedliche Resonanzen aus. Die markanten Resonanzen werden als Formanten bezeichnet.

- Konsonanten: der Luftstrom wird durch eine Verengung gestört oder sogar vorübergehend vollkommen unterbrochen. Je nach Verengungsstelle ergeben sich unterschiedliche Laute. Konsonanten können stimmhaft (Beispiel [p]) oder stimmlos ([b]) sein.

Weitere Beispiele für Konsonanten sind die Zahnverschlusslaute [t d]. Hier berührt die Zungenspitze die oberen Schneidezähne oder die Zahnfächer (Alveolen).

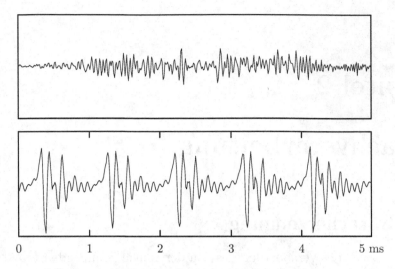

Abbildung 2.1: Abschnitte aus den Lauten tz und ei einer Äußerung des Wortes *Zwei* (Abtastrate 8 kHz)

Liegt die Verengung weiter hinten am Gaumen, so entstehen die Hintergaumen-verschlußlaute [k g]. Bei den Plosiven [p b] sind die Lippen zunächst vollständig geschlossen. Im Mundraum wird ein Druck aufgebaut. Beim Öffnen der Lippen entsteht dann der Laut.

Bild 2.1 illustriert den unterschiedlichen Charakter verschiedener Laute. Dargestellt sind zwei jeweils 5 ms lange Abschnitte aus einer Äußerung des Wortes *Zwei*. In dem Abschnitt aus dem Laut ei erkennt man deutlich die Periodizität als Folge der stimmhaften Anregung. Der Abstand der aufeinander folgender Anregungen beträgt etwa 1 ms. Daraus ergibt sich die Sprachgrundfrequenz zu circa 100 Hz.

Die aus den beiden Signalabschnitten abgeleiteten spektralen Darstellungen sind in Bild 2.2 wiedergegeben. Es handelt sich genauer gesagt um die logarithmierten Betragsspektren. Diese Darstellung zeigt den Anteil der einzelnen Frequenzen in dem Signalabschnitt. Das Spektrum des stimmlosen Lautes ist insgesamt gesehen relativ flach. Demgegenüber kann man im stimmhaften Fall die Erhöhungen durch die Formanten deutlich erkennen. Darüber hinaus ist der Verlauf durch die Grundfrequenz bei 100 Hz und die dazu gehörenden Obertöne bei ganzzahligen Vielfachen geprägt.

Um einen Laut zu erzeugen, ist ein wohl koordiniertes Zusammenspiel der Sprechwerkzeuge erforderlich. Eine komplette Äußerung als Abfolge von Lauten bedingt darüber hinaus dynamische Lautübergänge. Die Bewegungsabläufe der Artikulatoren unterliegen dabei dem Prinzip der *Ökonomie des Artikulationsauf-*

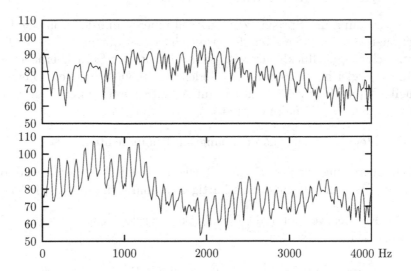

Abbildung 2.2: Frequenzdarstellung mit logarithmierten Betragsspektren der beiden Signalabschnitte aus Bild 2.1

wandes. Die Bewegungen von z. B. der Zunge werden so ausgeführt, dass der Gesamtaufwand minimal wird. Dazu werden die einzelnen Laute derart artikuliert, dass der Übergang an den Verbindungsstellen möglichst glatt wird. Als Randbedingung gilt natürlich, dass der Laut noch als solcher erkennbar bleibt. Die Realisierung eines Lautes richtet sich dementsprechend nach den vorhergehenden und nachfolgenden Lauten (Koartikulation).

Sprechen hat eine große Ähnlichkeit mit anderen Bewegungsabläufen. Man kann daher durchaus das Sprechen eines Satzes mit einer Aktion wie z. B. dem Werfen eines Balls vergleichen. Aus dieser Analogie lassen sich wichtige Konsequenzen ableiten:

- Jeder Mensch hat eine individuelle Sprechweise. Die Art, wie er oder sie spricht, ist einerseits von den anatomischen Voraussetzungen und andererseits von der erlernten Technik bestimmt.

- Sprachliche Äußerungen sind nicht beliebig exakt reproduzierbar. Wie andere Bewegungsabläufe hängen sie beispielsweise von Stimmung, Müdigkeit und Gesundheitszustand ab. Da die Muskeln nicht mit beliebiger Genauigkeit gesteuert werden können, kommt noch ein mehr oder weniger zufälliges Moment hinzu. Selbst ein trainierter Basketball-Profi kann Freiwürfe nicht beliebig reproduzieren.

2.1.1 Quelle-Filter-Modell

Die Beschreibung der Spracherzeugung soll einen Eindruck von der Komplexität der zugrundeliegenden Abläufe vermitteln. Eine vollständige Modellierung ist überaus schwierig. Glücklicherweise kann man in der Sprachverarbeitung auch mit einem vergleichsweise einfachen Modell bereits viel erreichen. Das so genannte Quelle-Filter-Modell geht zurück auf Arbeiten von Gunar Fant in den 60er Jahren [Fan60]. Die Annahmen sind:

- Das Modell besteht aus unabhängigen Komponenten.

- Die Anregung wird durch eine Quelle, umschaltbar zwischen periodischem Signal (stimmhaft) und rauschartigem Signal (stimmlos), geliefert.

- Das Frequenzverhalten des Vokaltraktes wird durch ein digitales Filter beschrieben.

- Ein weiteres Filter modelliert die Schallabstrahlung am Mund.

Trotz der starken Vereinfachungen erlaubt das Modell in vielen Fällen eine hinreichend gute Beschreibung der Spracherzeugung. Gleichzeitig ist es gerade wegen seiner Einfachheit gut handhabbar. In Systemen zur Spracherkennung konzentriert man sich häufig auf die Schätzung der Parameter des digitalen Filters. Dazu wurde eine ganze Reihe von effizienten Verfahren entwickelt.

In den allermeisten Anwendungen werden Allpol-Filter eingesetzt. Ein solches Filter kann als Modell für eine Röhre mit Segmenten von unterschiedlichem Durchmesser interpretiert werden (akustisches Röhrenmodell). Das Modell von konzentrischen Röhren mit harter Innenseite ist nur eine grobe Annäherung an den Vokaltrakt. Nichtsdestoweniger erweist es sich in vielen Anwendungsfällen als hilfreich.

2.2 Einheiten

Eine sprachliche Äußerung – geschrieben oder gesprochen – besteht aus kleineren Einheiten. Eine große und weitgehend selbständige Einheit ist der Satz. In geschriebener Sprache wird ein Satz durch ein Satzzeichen beendet. Weitere Satzzeichen verdeutlichen die innere Struktur eines Satzes wie beispielsweise die Aufteilung in Haupt- und Nebensatz. Die Grenzen eines gesprochenen Satzes sind durch den Intonationsverlauf und eine abschließende Pause markiert. Fehlen die Satzzeichen, so ist das Verständnis wesentlich erschwert. Der Satz *Bei mir geht Mittwoch nicht aber Donnerstag* als Beispiel ist mehrdeutig.

Ein Satz besteht aus einem (Beispiel: *Ja.*) oder mehreren Wörtern. Ein Wort ist die kleinste funktionale Einheit. Je nach Merkmal unterscheidet man verschiedene Wortarten. Hauptwörter (Substantive) beispielsweise stehen für konkrete

Gegenstände, Personen, abstrakte Ideen oder Handlungen. Verben beschreiben Zustände oder Handlungen. Verknüpfungen werden durch Konjunktionen wie *und, oder, dass, . . .* ausgedrückt. Ein Wort kann, je nach Gebrauch, unterschiedliche Wortarten annehmen. So zeigt das Beispiel 2 aus Abschnitt 1.2, dass das Wort *time* sowohl Verb als auch Substantiv sein kann.

Viele Wörter haben eine innere Struktur. Häufig werden Wörter aus kleineren Einheiten zusammengesetzt (*Fachhochschule*). Vorsilben verändern die Bedeutung eines Wortes (*unsicher*). Je nach Zeitform werden verschiedene Endungen angefügt. Diese innere Struktur der Wörter ist Gegenstand der Morphologie.

Nach der Sprechweise lassen sich Wörter in Silben aufteilen. Im Gegensatz zu den Schreibsilben, die nur bei der Trennung eine Rolle spielen, spricht man genauer von Sprechsilben. Silben sind relativ eigenständige Einheiten. Eine Silbe besteht aus einem Vokal oder Diphthong (Doppellaut wie z. B. ei oder au) als Kern. Vor und nach dem Kern können Konstanten stehen. Einige Beispiele für die Aufteilung in Silben sind:

- *Haus*: eine Silbe

- *Ufer*: U - fer

- *schaufeln*: schau - feln

- *Kannen*: Kan - nen

Die Aussprache einer Silbe ist weitgehend unabhängig von der vorausgehenden und der nachfolgenden Silbe. Eine Silbe selbst kann wiederum in 2 Halbsilben aufgeteilt werden: in eine Anfangshalbsilbe von der Silbengrenze bis zur Silbenmitte und eine Endhalbsilbe von der Silbenmitte bis zum Silbenende.

Die kleinste sprachliche Einheit ist ein Laut (Phon). Laute werden in Lautschrift mit speziellen Symbolen dargestellt. Damit kann man einem Wörterbuch in einer fremden Sprache entnehmen, wie einzelne Wörter ausgesprochen werden. Ähnlich wie ein Buchstabe in verschiedenen Fonts unterschiedlich aussieht, kann ein Laut unterschiedlich klingen. Der Klang hängt von dem Kontext (d. h. den umgebenden Lauten), dem Sprecher, gegebenenfalls seinem Dialekt oder Akzent etc. ab.

Für einen geübten Hörer sind viele tausend verschiedene Laute unterscheidbar. Eine derart feine Auflösung ist aber für das Verstehen nicht notwendig. Es reicht aus, Laute so gut zu erkennen, dass die Bedeutung des gesprochenen Wortes klar wird. Solange Lautunterschiede keine Bedeutungsunterschiede bewirken, können die Laute als zu einer Klasse gehörig angesehen werden. Eine solche Klasse bildet ein Phonem. Ein Phonem ist eine Gruppe von Lauten (Phonen), die ähnlich klingen und niemals einen Bedeutungsunterschied bewirken. Die Phone innerhalb der Gruppe bezeichnet man als Allophone. Wenn zwei Phone zu einem Phonem gehören, so gibt es keine ansonsten identische Wörter, deren Bedeutung sich durch Austausch der beiden Phone ändert. Kann man umgekehrt mindestens ein Wortpaar mit unterschiedlicher Bedeutung (Minimalpaar) angeben, so handelt es sich dementsprechend um zwei Phoneme. Die Laute [r] und [l] als Beispiel sind unterschiedliche Phoneme, da es z. B. das Paar *Ratte* und *Latte* gibt.

Auch die Dauer eines Lautes kann einen Bedeutungsunterschied bewirken. Als Beispiel sind – zumindest im Deutschen – kurzes und langes [a] unterschiedliche Phoneme, wie die Paare *Bann* [ban] und *Bahn* [ba:n] oder *Ratte* und *Rate* belegen. Da die Einteilung an die Bedeutung der Wörter geknüpft ist, hängt das Inventar an Phonemen vom betrachteten Wortschatz ab. Ein Standardbeispiel dazu ist die Zeichenfolge ch, zu der zwei Laute gehören: der Ich-Laut [ç] und der Ach-Laut [x]. In den allermeisten Wörtern kann nur eine der beiden Formen verwendet werden. Verwendet man nur diese Wörter, so können beide Laute zu einem Phonem zusammengefasst werden. Ein – zugegebenermaßen etwas konstruiertes – Gegenbeispiel ist das Paar *Kuhchen* (kleine Kuh) und *Kuchen*. Will man derartige Fälle auch abdecken, muss man die beiden Laute doch als zwei verschiedene Phoneme betrachten.

In seltenen Fällen wird durch die Betonung der Silben eines Wortes ein Bedeutungsunterschied ausgedrückt. Der Satz

Er wollte das Schild umfahren

kann je nach Betonung des Wortes *umfahren* zwei Bedeutungen haben:

1. Er wollte dem Schild ausweichen (Betonung auf der zweiten Silbe)

2. Er wollte das Schild zerstören (Betonung auf der ersten Silbe)

Aus diesen Betrachtungen wird deutlich, dass die Definition eines optimalen Inventars von Lauteinheiten schwierig ist. Die Entwickler von Systemen zur Spracherkennung gehen bei der Auswahl des Inventars oftmals recht pragmatisch vor. Das Ziel ist eine möglichst gute Modellierung der wesentlichen Laute. Daher können durchaus bei einem als „phonembasiert" bezeichneten Erkenner die Einheiten von den im obigen Sinne definierten Phonemen abweichen. Eine Zusammenstellung der beschriebenen Einheiten enthält Tabelle 2.1. Zusätzlich ist die Größe des jeweiligen Inventars für Deutsch eingetragen.

Tabelle 2.1: Sprachliche Einheiten

Einheit	Inventar (D)
Satz	unbegrenzt
Wort	≈ 500000
Silbe	5000
Halbsilbe	2000
Phonem	≤ 50

In der geschriebenen Form sind die Grapheme die Entsprechung zu Phonemen. Ein Graphem ist die kleinste bedeutungsunterscheidende Einheit eines Schriftsystems. Dies können Buchstaben und Buchstabenfolgen oder auch Zeichen für ganze Silben oder Wörter sein. Bei einer Lautschrift sind die Zuordnungen zwischen Graphemen und Phonemen eindeutig. Ansonsten existiert ein mehr oder weniger komplexes Regelwerk zur Abbildung zwischen Schriftform und Aussprache. So können für ein Phonem mehrere Grapheme oder Graphemfolgen in Frage kommen. Beispielsweise wird das Phonem /t/ u.a. durch t (*Tag*) oder dt (*Stadt*) wiedergegeben. In manchen Fällen gibt es überhaupt keine phonetische Entsprechung für ein Graphem. Dieses Phänomen tritt beispielsweise bei einigen französischen Wörtern wie *pois* (Erbse) mit der Aussprache /pwa/ auf.

2.3 Variabilität

Nach der bisherigen Darstellung könnte man sich Sprache als Abfolge von aneinander gehängten kleinen Bausteinen vorstellen. Wie bei einem Bausatz würde dann eine Äußerung gemäß eines Bauplans – dem Aussprachelexikon – aus den einzelnen Lauten zusammengesetzt. Mit diesem Modell wird man aber der Natur von Sprache nicht gerecht.

Zunächst ist festzustellen, dass es keinen eindeutigen, verbindlichen „Bauplan" für die Wörter gibt. Vielmehr beobachtet man häufig Aussprachevarianten, die von der Normlautung im Aussprachelexikon abweichen. Viele Sprecher verwenden mehr oder weniger oft Varianten, bei denen einzelne Laute ausgetauscht oder ausgelassen werden. Eine schnelle oder unaufmerksame Sprechweise führt dazu, dass einzelne Laute kaum oder gar nicht realisiert werden. Derartige Lautverluste zur Sprecherleichterung werden als Elisionen bezeichnet. Besonders stark werden die Abweichungen mit zunehmendem Dialekt oder Akzent. In [EEW92] wurde bei einer Auswahl von 100 Äußerungen des Wortes *sieben* von verschiedenen Sprechern und Sprecherinnen 10 verschiedene Aussprachevarianten beobachtet. In Tabelle 2.2 sind die Varianten mit ihrer Häufigkeit zusammengestellt. Die in den Varianten auftretenden Laute sind der Vollständigkeit halber in Tabelle 2.3 erläutert.

Die Bildung der Varianten ist nicht willkürlich, sondern folgt durchaus gewissen Mustern und Regelmäßigkeiten. Typisch ist der Verlust der Stimmhaftigkeit von Konstanten ($[z] \mapsto [s]$) sowie die Auslassung von Lauten.

Auch die Bausteine selbst unterliegen einer starken Variation. Anders als etwa Lego-Bausteine sind Laute keine festen unveränderlichen Einheiten, sondern unterscheiden sich von Äußerung zu Äußerung. Einen wesentlichen Einfluss hat der jeweilige lautliche Kontext, d. h. die vorhergehenden und nachfolgenden Laute. Beim Sprechen als kontinuierlichen Vorgang wird ein nahtloser Übergang zwischen den Lauten angestrebt. Der Verlauf eines Lautes wird dazu an seinen aktuellen Kontext eingepasst. Man spricht dann von Koartikulation. Die Wörter *Ki-*

Tabelle 2.2: Variationen des Wortes *sieben* bei 100 Sprechern

Variation	Anzahl
siːbən	29
zibən	24
siːbn	18
siːbm	18
siːbɛn	4
ziːbm	3
ziːbn	1
ziːbɛn	1
ziːvən	1
ziːvn	1

Tabelle 2.3: Verwendete Phoneme

Vokal	Name	Beispiel
b	b-Laut	Ball
ə	Murmellaut (Schwa)	bitte
ɛ	offenes e	Bär
i	geschlossenes i, kurz	vital
iː	geschlossenes i,lang	Lied
m	m-Laut	Mast
n	n-Laut	Naht
s	ß-Laut	Hast
v	w-Laut	was
z	s-Laut	Hase

ste, Küste und *Kasten* als Beispiel beginnen alle mit dem gleichen Phonem. Aber in Abhängigkeit von dem nachfolgenden Vokal verändert sich die Aussprache. Durch Anpassung der Laute wird ein gleitender Übergang erreicht. Diese Vorstellung wird in Spracherkennern durch Einsatz so genannter kontextabhängiger Lautmodelle Rechnung getragen. In dem Beispiel würde man dann die Modelle

- k nach Pause und vor i

- k nach Pause und vor ü

- k nach Pause und vor ä

differenzieren.

Aber auch unter Berücksichtigung des lautlichen Kontexts verbleiben Unterschiede in Dauer und Charakter von Lauten. Starke Abweichungen findet man im Vergleich mehrerer Sprecher und Sprecherinnen. Hier wirken sich einerseits die unterschiedlichen anatomischen Voraussetzungen und andererseits die individuelle Sprechweise aus. Deutlich geringer sind die Variationen bei mehreren Äußerungen nur eines Sprechers oder einer Sprecherin. Allerdings sind auch hier die Realisierungen nicht identisch. Ursachen wie Stimmungslage oder Müdigkeit beeinflussen die Sprechweise. Schließlich verbleiben nicht kontrollierbare, zufällige Variationen des Artikulationsprozesses. Das komplizierte Zusammenspiel vieler Muskeln lässt sich nicht identisch wiederholen.

Einen Eindruck von den auftretenden Variationen vermitteln die folgenden Darstellungen verschiedener Äußerungen des Wortes *Donau*. In Bild 2.3 sind drei Äußerungen von einem Sprecher gegenübergestellt. Demgegenüber zeigt Bild 2.4 drei weitere Aufnahmen des gleichen Wortes von verschiedenen Sprechern. Die Aufnahmen erfolgten mit einer Abtastrate von 8 kHz. Die Länge von etwa 4000 Abtastwerten entspricht einer Dauer von einer halben Sekunde.

2.4 Übungen

Übung 2.1 *Geben Sie für folgende Phoneme Minimalpaare an: sch und ch, p und b*

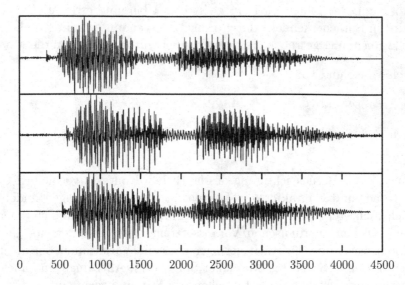

Abbildung 2.3: Drei Äußerungen des Wortes *Donau* von einem Sprecher

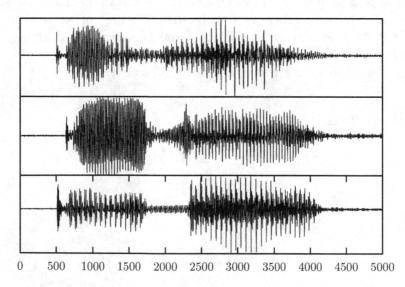

Abbildung 2.4: Drei Äußerungen des Wortes *Donau* von drei verschiedenen Sprechern

Kapitel 3

Spracherkennung

3.1 Techniken und Anwendungen

Das Gebiet der Spracherkennung beinhaltet eine Reihe von Teilaufgaben. Eine Übersicht über die verschiedenen Aufgabenstellungen und jeweils dazu passenden Techniken zeigt Tabelle 3.1. Im engeren Sinn versteht man unter Spracherkennung die Aufgabe, aus einer gesprochenen Äußerung die Wörter richtig zu rekonstruieren. Der Begriff „Äußerung" ist hier sehr allgemein zu verstehen. Eine Äußerung kann ein einzelnes Wort, einen Satz oder mehrere zusammenhängende Sätze umfassen.

Tabelle 3.1: Spracherkennungstechniken

Technik	Fragestellung
Spracherkennung	Was wurde gesagt?
Keyword-Spotting	Wurden bestimmte Schlüsselwörter gesagt?
Sprechererkennung	Wer hat gesprochen?
Sprecherverifikation	War es tatsächlich die Person X?
Sprachenidentifikation	In welcher Sprache wurde gesprochen?

Oft ist es nicht notwendig, einen Satz vollständig zu erkennen. Es genügt, zu prüfen, ob bestimmte Schlüsselwörter (*keywords*) enthalten sind. Eine aktuelle Anwendung dieser Technik ist das Suchen in archivierten Audiodaten. Beispielsweise haben Fernsehsender umfangreiche Archive mit alten Beiträgen, von denen im Allgemeinen keine Transkription vorliegt. Dann ist die Suche nach Beiträgen zu einem bestimmten Thema über die Erkennung von Suchbegriffen hilfreich. Ein anderes Einsatzgebiet für diese Technik ist das Abhören von Telefonleitungen. Dann kann gezielt nach Gesprächen zu kritischen Themen gesucht werden.

Neben dem Inhalt können auch Informationen über den Sprecher oder die Sprecherin interessant sein. Ähnlich wie ein Fingerabdruck ist das individuelle

Sprachmuster für eine Person charakteristisch [Dod85] [Zin93]. Dabei lässt sich zwischen der Identifikation und der Verifikation unterscheiden. Aufgabe bei der Identifikation ist die Feststellung der Identität. Ziel ist, aus einem in der Regel begrenzten Personenkreis die Person herauszufinden (1 aus N Problem).

Die Verifikation demgegenüber entscheidet, ob es sich tatsächlich um die angegebene Person handelt. Resultat ist eine Ja-Nein-Entscheidung. Im Gegensatz zu Schlüsseln und Identifikationswörtern beruht dieses Verfahren auf einem unmittelbaren Test von benutzertypischen Merkmalen, die nicht vom Benutzer vergessen oder von Dritten entwendet werden können. Die Sprecherverifikation kann als Basis für die verschiedensten Arten von Zugangskontrollen dienen. Für Anwendungen mit hohen Sicherheitsanforderungen bietet die Sprecherverifikation eine zusätzliche Sicherheitstufe. Bei niedrigen Sicherheitsanforderungen kann sie demgegenüber einen höheren Komfort ermöglichen. Je nach Betriebsweise unterscheidet man zwei Grundformen:

- Textabhängig: der zu sprechende Text ist fest vorgegeben. Sowohl Referenz- als auch Testäußerung beinhalten den gleichen Text.

- Textunabhängig: im allgemeinsten Fall bestehen keinerlei Beschränkungen bezüglich des Textes.

Die textabhängige Verifikation ist das einfachere Verfahren. Ein Beispiel ist ein Zugangskontrollsystem mit einem festen Vokabular. Der Benutzer spricht eines oder mehrere dieser Wörter nach den Vorgaben des Systems. Die Entscheidung beruht dann auf dem Vergleich von mehreren Äußerungen des gleichen Wortes. Eine prinzipieller Schwäche dieses Ansatzes liegt in der beschränkten Anzahl von Wörtern. Wenn es potentiellen Eindringlingen gelingt, Äußerungen dieser Wörter von einer berechtigten Person aufzuzeichnen, verfügen sie über einen guten Angriffspunkt. Textunabhängige Systeme vermeiden diese Schwachstelle. Allerdings erfordern diese Systeme aufwändigere Verifikationsverfahren sowie längere Sprachreferenzen.

Die Sprecheridentifikation hat nur geringe eigenständige Bedeutung und wird eher in Kombination mit den anderen Techniken verwendet. So kann beispielsweise aus einem bekannten Benutzerkreis der aktuelle Sprecher erkannt werden, um individuelle Einstellung zu aktivieren.

Eine ähnliche Fragestellung verfolgt die Sprachenidentifikation. Hier soll anhand einer Äußerung die Sprache erkannt werden. Mögliche Einsatzbereiche sind wiederum die Suche in Audioarchiven oder multilinguale Dialogsysteme. Die Sprachenidentifikation wirkt dann als Auswahlschalter für die eigentliche Spracherkennung. Eine weitere spezielle Anwendung ist *Speaker Indexing*. Die Aufgabe dabei ist, in Audio-Archiven nach bestimmten Sprechern zu suchen [RMCPH98] [MKL$^+$00].

Das Gegenstück zur Spracherkennung ist die Sprachsynthese: die automatische Erzeugung eines Sprachsignals ausgehend von einem geschriebenen Text

(*Text To Speech, TTS*). Die Qualität der Sprachsynthese ist ein wesentlicher Erfolgsfaktor für Sprachdialoge. Eine gut verständliche und natürlich klingende Ausgabe ist wesentlich für die Akzeptanz solcher Systeme. Die derzeit verfügbaren Systeme zur automatischen Synthese bieten eine gute Verständlichkeit, aber in der Natürlichkeit sind noch Defizite festzustellen. Daher greift man für hochwertige Ausgaben häufig noch auf aufgezeichnete Sprachstücke professioneller Sprecher oder Sprecherinnen zurück. Allerdings ist diese Möglichkeit auf feststehende Texte beschränkt. Flexible Ausgaben wie etwa das Vorlesen von Email-Texten erfordern automatische Systeme.

Mit den beschriebenen Techniken lassen sich eine Vielzahl von Anwendungen realisieren. In einer groben Einteilung kann man folgende drei Felder unterscheiden:

- Gerätesteuerung

- Diktiersysteme

- Sprachdialogsysteme

Zunächst kann Spracherkennung als zusätzliche oder alleinige Möglichkeit zur Steuerung von Geräten eingesetzt werden. Dabei bietet die Spracheingabe den Vorteil einer intuitiven und komfortablen Bedienung. Dies gilt insbesondere bei Telefonen, die ohnehin zur sprachlichen Kommunikation verwendet werden. Daher bieten sich automatische Namenswahl oder Fernabfrage von Anrufbeantwortern an. Besonders hoch ist der Nutzen, wenn die Spracheingabe eine weitere Eingabemöglichkeit zusätzlich zu anderen Aktivitäten eröffnet. Solche „Hands free"-Anwendungen sind beispielsweise Eingaben bei Sortieranlagen und Lagerverwaltungssystemen oder die Steuerung von Operationsmikroskopen. Ähnlich ist die Situation bei der Bedienung von Infotainmentkomponenten in Kraftfahrzeugen. Die modernen Systeme mit Telefon, Navigation, Radio, MP3-Spieler etc. werden immer komplexer und bieten vielfältige Möglichkeiten. Hier verspricht eine sprachliche Bedienung eine höhere Verkehrssicherheit gegenüber einer rein haptischen Bedienung mit Schaltern und ähnlichen Elementen. Ein weiterer Anwendungsbereich sind Geräte für Behinderte (Telefone, Betten, Rollstühle,...), die unter Nutzung einer Spracherkennung steuerbar sind

Die automatische Texterfassung wird durch Diktiersysteme ermöglicht. Solche Systeme sind im Prinzip universell einsetzbar. Den größten Nutzen haben allerdings Anwender, die häufig und in einem flüssigen Stil diktieren. Für entsprechende Zielgruppen – typisch sind Ärzte, Rechtsanwälte oder Journalisten – werden angepasste Systeme mit jeweils vorbereitetem Fachvokabular angeboten.

Unter der Bezeichnung Sprachdialogsysteme oder *Voice Portal* sind speziell Systeme gemeint, die mit einem Sprachdialog Dienste für Anrufer bereitstellen. Einige Beispiele sind:

- Auskunftssysteme wie z. B. Kino-, Bahn- oder Telefonauskunft

- Bestellungen, Reservierungen und Telefon-Banking

- Automatische Telefonzentrale mit Vermittlung

- Gewinnspiele

Häufig werden Sprachdialogsysteme als Komponenten in Call-Centern integriert, um Standardanfragen automatisch zu bedienen oder um einen passenden Agenten zu einem Anruf zu ermitteln.

3.2   Schwierigkeitsstufen

Verschiedene Anwendungsszenarien stellen unterschiedliche Herausforderungen an die Spracherkennung. In Tabelle 3.2 sind die Anforderungen für die Kriterien Sprechweise, Wortschatz und Benutzerkreis dargestellt. Neben diesen Kriterien sind weitere Randbedingungen zu beachten. Ein kritischer Punkt ist die akustische Umgebung. Es ist ein wesentlicher Unterschied, ob das Sprachsignal direkt mit einem hochwertigen Kopfbügelmikrophon aufgenommen wird oder über eine schlechte Handy-Verbindung bei einem Auskunftssystem ankommt. Eine mehr technische Frage betrifft die Rechenleistung und den verfügbaren Speicher. Einschränkungen in den Systemressourcen führen zu einer verringerten Leistungsfähigkeit.

Tabelle 3.2: Unterscheidungskriterien für Spracherkennung

	Einfach	Schwierig
Sprechweise	Einzelne Wörter	Sätze
Wortschatz	Kleiner Wortschatz	Großer Wortschatz
Benutzerkreis	Sprecherabhängig	Sprecherunabhängig

Die ersten Spracherkennungssysteme konnten nur einzeln gesprochene Wörter verarbeiten. Noch heute sind für eingeschränkte Anwendungen wie z. B. der Steuerung eines Mobiltelefons solche Systeme üblich. Bei den Wörtern kann es sich z. B. um einfache Befehle oder Ziffern handeln. Derartige Systeme werden als „Command and Control" bezeichnet. Am anderen Ende stehen moderne Dialog- oder Diktiersysteme, die eine kontinuierliche Eingabe erlauben. Zusätzlich erschwert wird die Aufgabe, wenn eine vollkommen freie Sprechweise ermöglicht werden soll. Derartige spontansprachliche Systeme müssen Effekte wie Satzabbrüche oder Korrekturen behandeln können. Eine Zwischenstufe ist die Verbundworterkennung, bei der bereits mehrere Wörter zusammen erkannt werden (z. B. die Ziffern einer Telefonnummer).

Die erreichbare Erkennungssicherheit hängt wesentlich vom Wortschatz ab. Eine Kenngröße ist dabei die Größe des Vokabulars. Ab etwa 1000 Wörtern spricht man von großen Wortschätzen. Allerdings ist die Anzahl der verwendeten Wörter nicht alleine ausschlaggebend. Vielmehr ist es häufig möglich, aufgrund von Kontextinformationen die Zahl der zu einem Zeitpunkt möglichen Wörter einzugrenzen. Bei Diktiersystemen kann nach einigen Wörtern eines Satzes die Auswahl für das nächste Wort stark eingeschränkt werden. Daher ist in der Regel bei einem Diktiersystem nur ein Bruchteil des gesamten Vokabulars aktiv. Auf der anderen Seite kann etwa bei der Auswahl eines Namens aus einem Telefonbuch die Anzahl der Kandidaten sehr groß werden. Im Allgemeinen lässt sich die Liste der Namen nicht ohne weiteres einschränken. Bei gleichem Umfang des Wortschatzes ist die Aufgabe eines Auskunftssystems mit Namenserkennung ungleich schwieriger als eines Diktiersystems. Einige Spezialaufgaben erfordern zwar nur ein kleines dafür aber schwieriges Vokabular. So ist die Aufgabe der Erkennung von Buchstaben zwar auf etwa 30 Wörter beschränkt. Aber einige der Wörter wie n und m oder p und b klingen sehr ähnlich.

Schließlich spielt der Benutzerkreis eine wesentliche Rolle. Ist das System auf eine Person spezialisiert, so kann es sich optimal auf die individuelle Sprechweise einstellen. Soll hingegen das System Eingaben von beliebigen Sprechern erkennen, so ist mit einer viel stärkeren Variation zu rechnen. Einen Mittelweg beschreitet man mit sprecheradaptiven Systemen. Hierbei beginnt man mit einem sprecherunabhängigen Erkenner, der dann während des Betriebs sich langsam an den Benutzer anpasst. Eventuell erfordern solche Systeme eine kurze, spezielle Trainingsphase für diese individuelle Anpassung. Diesen Weg beschreitet man häufig bei kommerziellen Diktiersystemen.

Anhand dieser Kriterien lässt sich grob das erforderliche Niveau der Spracherkennung für eine geplante Anwendung abschätzen. Die folgenden zwei Anwendungsfälle zeigen die Breite der Anforderungen:

- Die Namenswahl in einem Telefon lässt sich mit einem sprecherabhängigen Einzelworterkenner für kleine Wortschätze realisieren.

- Eine komfortable automatische Telefonauskunft erfordert einen sprecherunabhängigen Verbundworterkenner mit einem großen Wortschatz.

3.3   Aufbau eines komplexen Systems

In einer konkreten Anwendung ist die Erkennung der Wörter häufig nur ein Zwischenziel. Betrachtet wir beispielsweise ein System zur Fahrplanauskunft. Bei einer Eingabe *Wann etwa fährt denn der nächste Zug von Darmstadt nach Stuttgart?* genügt es, den Teil *nächste Zug von Darmstadt nach Stuttgart* richtig zu erkennen, um die gewünschte Auskunft geben zu können. Auch beim Gespräch mit einem Menschen können wir – insbesondere bei schwierigen akustischen Bedingungen wie etwa einer schlechten Handy-Verbindung – nicht jedes Wort eindeutig erkennen. Trotzdem kann in den meisten Fällen die Information richtig aufgenommen werden. Zur Unterscheidung von der Spracherkennung spricht man dann von Sprachverstehen.

Die Grenzen der akustischen Erkennung zeigen sich in Fällen, in denen keine weitere Information zur Verfügung steht. Typisch ist die Angabe des Namens am Telefon bei Reservierungen oder Bestellungen, bei denen der Name für den Gesprächspartner neu ist. Der Gesprächspartner ist bei der Erkennung auf die akustische Information beschränkt. Entsprechend häufig werden in solchen Fällen die Namen falsch erkannt. Zur Sicherheit wird daher oft der Name buchstabiert oder umschrieben.

Der gesamte Ablauf in einem komplexen System lässt sich in mehrere Stufen unterteilen. Tabelle 3.3 zeigt eine entsprechende Einteilung. Im ersten Schritt wird das Signal aufbereitet, in dem eventuelle Störgeräusche oder Sprachsignale von anderen Sprechern entfernt werden. Aus den verbesserten Signalen werden geeignete Merkmale gewonnen, die als Basis für die Lauterkennung mit akustischen Modellen dienen. Das Wortlexikon beschreibt die eine Lautfolge oder mehrere alternative Lautfolgen für jedes Wort im Wortschatz. Gängige Systeme verwenden ein statistisches Sprachmodell, um die Menge der möglichen Wortfolgen einzuschränken. Eine syntaktische Prüfung liefert Informationen über die Struktur der eingegebenen Sätze. Der Sinn wird durch die semantische Analyse ermittelt. Schließlich können weitere Wissensquellen zur speziellen Anwendung sowie gegebenenfalls ein Dialoggedächtnis herangezogen werden.

Tabelle 3.3: Verarbeitungsstufen in einem sprachverstehenden System

Pragmatik
Semantik
Syntax
Statistisches Sprachmodell
Wortlexikon
Akustische Modelle
Merkmalsextraktion
Geräuschreduktion, Quellentrennung

Diese Gliederung soll als grobe Richtschnur für die weitere Darstellung dienen. Ausgehend von der Signalvorverarbeitung werden in den nächsten Kapiteln die einzelnen Elemente behandelt. Allerdings liegen die Themen Semantik und Pragmatik außerhalb des Themas dieses Buches. Die Darstellung in diesem Bereich beschränkt sich im Wesentlichen auf die Modellierung mittels zustandsbasierter Dialogsysteme.

Die Aufteilung hat allerdings keinen Anspruch auf universelle Gültigkeit. In vielen Fällen ist die Trennung zwischen den Stufen verwischt. Einzelne Verarbeitungsschritte können fehlen, oder es können weitere Stufen eingeführt werden.

Außerdem fließt die Information nicht notwendigerweise nur in eine Richtung. Vielmehr sind komplexe Interaktionen zwischen den einzelnen Modulen eines Systems vorstellbar. Ein wichtiger Punkt ist dabei die jeweilige Schnittstelle: in welcher Form werden die ermittelten Ergebnisse für die nachfolgenden Verarbeitungsschritte bereitgestellt, und wie kann ein übergeordnetes Modul die Arbeitsweise steuern?

3.4 Fehlerarten

3.4.1 Spracherkennung

Im praktischen Einsatz wird kein System vollkommen fehlerfrei arbeiten. Für den Entwurf des Systems und die Auswahl der Komponenten werden daher Kenngrößen für die Fehlerwahrscheinlichkeit benötigt. Allerdings besteht ein komplexer Zusammenhang zwischen den verschiedenen Fehlern und dem Gesamterfolg eines Systems. Die Auswirkungen von Fehlerkennungen auf die eigentlichen Zielgrößen wie Kundenzufriedenheit oder Markterfolg sind nur schwer quantifizierbar. Die Evaluierung eines Systems in Hinblick auf diese Größen ist mit einem immensen Aufwand verbunden.

Trotzdem ist die Erkennungsgenauigkeit in der Praxis eine wichtige Kenngröße. Zum einen ist es plausibel anzunehmen, dass ein Erkenner mit einer höheren Genauigkeit auch zu einem erfolgreicheren Gesamtsystem führt. Damit ist die Erkennungsgenauigkeit ein wesentliches Kriterium bei der Auswahl eines Erkenners unter mehreren Kandidaten. Im Bereich der Forschung dient die Erkennungsgenauigkeit auf fest vorgegebenen Testkorpora als Vergleichsgröße zur Bewertung verschiedener Ansätze sowie zur Dokumentation der Verbesserung über die Jahre.

Nach diesen Vorbemerkungen stellt sich die Frage nach der genauen Definition von Erkennungsgenauigkeit. Die zugrunde liegende Idee ist einfach: Man lässt den zu untersuchenden Erkenner eine Anzahl von Testäußerungen verarbeiten und zählt anschließend, wie viele Wörter richtig erkannt wurden. Aus der Anzahl der Fehler und der Gesamtzahl der Wörter berechnet sich die Erkennungsquote. Im Detail ist das Problem nicht ganz so einfach. Betrachten wir ein Beispiel von einem Erkenner für Zahlwörter:

Gesprochen:	*Eins*	*Zwei*	*Drei*	*Vier*	*Fünf*	*Sechs*
Erkannt:	*Eins*	*Drei*	*Vier*	*Fünf*	*Eins*	*Sieben*

Beim direkten Vergleich findet man nur eine Übereinstimmung unter den sechs Wörtern. Die Erkennungsquote wäre damit lediglich 1/6. Dies ist allerdings zu pessimistisch gerechnet. Einen realistischeren Wert erhält man, wenn man eventuelle Verschiebungen zwischen Referenz und Erkennungsergebnis berücksichtigt. Insgesamt kann man die drei folgenden Fehlerarten unterscheiden:

- Verwechslungen: falsche Wörter werden erkannt (N_V).

- Auslassungen: an der Stelle gesprochener Wörter wird nichts erkannt (N_A).

- Einfügungen: zusätzliche Wörter werden fälschlicher Weise eingefügt (N_E).

Aus dem Beispiel wird dann :

Gesprochen:	*Eins*	*Zwei*	*Drei*	*Vier*	*Fünf*		*Sechs*
Erkannt:	*Eins*		*Drei*	*Vier*	*Fünf*	*Eins*	*Sieben*

mit je einer Auslassung und einer Einfügung sowie einer Verwechslung. Mit den drei Fehlerarten definiert man als Kenngrößen die Wortkorrektheit in der Form

$$WK = \frac{N_W - N_V - N_A}{N_W} \qquad (3.1)$$

und die Wortakkuratheit

$$WA = \frac{N_W - N_V - N_E - N_A}{N_W} \quad , \qquad (3.2)$$

wobei N_W jeweils die Anzahl der gesprochenen Wörter bedeutet. Die Wortkorrektheit berücksichtigt nur Verwechslungen und Auslassungen, während die Wortakkuratheit auch Einfügungen beinhaltet. Dadurch kann sich bei schlechter Erkennung sogar eine negative Wortakkuratheit ergeben. Für das Beispiel findet man $WK = 4/6$ und $WA = 3/6$.

Die Suche nach der optimalen Zuordnung zwischen Referenz und Test – das ist die Zuordnung mit den wenigsten Fehlern – lässt sich mit Verfahren der dynamischen Programmierung lösen. Die minimale Anzahl der Fehler bezeichnet man als Levenshtein[1]-Distanz. Nicht immer ist die Zuordnung eindeutig. So lassen sich die beiden Folgen

Gesprochen:	*Eins*	*Zwei*	*Drei*	*Vier*
Erkannt:	*Eins*	*Drei*	*Sechs*	*Vier*

entweder durch zwei Verwechslungen in der Art

Gesprochen:	*Eins*	*Zwei*	*Drei*	*Vier*
		$\updownarrow$ V	$\updownarrow$ V	
Erkannt:	*Eins*	*Drei*	*Sechs*	*Vier*

oder je eine Auslassung und Einfügung

Gesprochen:	*Eins*	*Zwei*	*Drei*		*Vier*
		$\smile$ A		$\frown$ E	
Erkannt:	*Eins*		*Drei*	*Sechs*	*Vier*

---

[1]Benannt nach Vladimir I. Levenshtein, der das Verfahren 1965 veröffentlichte [Lev65]

erklären. Wie gesagt ist Erkennungsgenauigkeit als Wortkorrektheit oder Wortakkuratheit eine wichtige Kenngröße für einen Erkenner. Allerdings spielen für den
praktischen Einsatz in einem Gesamtsystem noch viele andere Gesichtspunkte
eine Rolle. Einige davon sind:

- Robustheit gegenüber Störgeräuschen

- Geringe Empfindlichkeit gegenüber Mikrophonen, Übertragungswegen

- Detektion von Wörtern außerhalb des bekannten Vokabulars

- Gleichmäßige Verteilung der Fehler über unterschiedliche Sprecher und Sprecherinnen

- Zuverlässige Aussage über Sicherheit des Erkennungsergebnisses

Bei der Auswahl eines Erkenners sollten, soweit möglich, diese Punkte berücksichtigt werden.

3.4.2 Sprecherverifikation

Bei anderen Sprachtechnologien ist die Angabe eines einzelnen Qualitätsmaßes
oft schwierig. Stellvertretend betrachten wir den Fall der Sprecherverifikation.
Beim Betrieb eines solchen Systems sind zwei Fehlerarten zu unterscheiden:

- Berechtigte Benutzer werden abgelehnt (Falschrückweisung F_R)

- Unberechtigte „Eindringlinge" werden angenommen (Falschakzeptanz F_A)

Durch Einstellen der Höhe der Entscheidungsschwelle für Annahme oder Ableh-
nung kann der Anteil der beiden Fehlerarten justiert werden. Als Beispiel betrachten wir ein System, das für eine Testäußerung einen Abstandswert ermittelt und
anhand dieses Wertes eine Entscheidung trifft. In Bild 3.1 sind beispielhaft Verteilungsdichten $p(y)$ für Abstände, getrennt nach berechtigten und unberechtigten
Benutzern, dargestellt. Zur Unterscheidung werden die Abstände für die beiden
Fälle als Eigen- beziehungsweise Gegenabstände bezeichnet. Im Idealfall gibt es
keinen Überlapp zwischen den beiden Funktionen, und bei Wahl einer Schwelle
dazwischen kann das System fehlerfrei verifizieren. In der Realität wird man aber
mit einem gewissen Überlapp rechnen müssen. Die Zusammenhänge lassen sich
besser mit den Verteilungsfunktionen $P(y)$ behandeln. Bild 3.2 zeigt – ausgehend
von den Dichten in Bild 3.1 – den entsprechenden Verlauf. Der kritische Bereich
ist in Bild 3.3 schließlich vergrößert dargestellt.

Legt man nun die Entscheidungsschwelle genau in den Schnittpunkt beider
Funktionen, so resultieren gleich viele Falschrückweisungen und Falschakzeptanzen. Man spricht dann zusammenfassend von der Equal-Error-Rate (EER). Damit

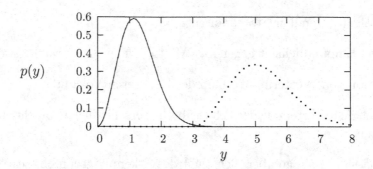

Abbildung 3.1: Verteilungsdichten der Abstände für berechtigte (—) und unberechtigte Benutzer ($\cdots$) (Eigen- und Gegenabstände)

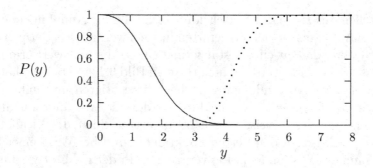

Abbildung 3.2: Verteilungsfunktionen der Eigen- und Gegenabstände

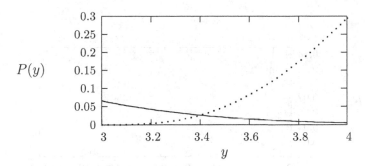

Abbildung 3.3: Verteilungsfunktionen der Eigen- und Gegenabstände, vergrößerte Darstellung

kann man die Genauigkeit von Verifikatoren mit einer einzelnen Kenngröße erfassen. Die EER-Werte sind sinnvoll für den Vergleich mehrerer Verifikatoren. Aber im praktischen Einsatz wird man kaum die Einstellung mit gleicher Fehlerwahrscheinlichkeit wählen. Bei den meisten Anwendungen ist es sinnvoll, die Anzahl der Falschakzeptanzen zu drücken und dafür mehr Falschrückweisungen in Kauf zu nehmen. Das gesamte Verhalten lässt sich durch Variation des Schwellwertes als so genannte Receiver-Operator-Characteristic-Kurve (ROC) darstellen. Bild 3.4 zeigt die entsprechende Kurve. Durch Variation der Schwelle bewegt man den Arbeitspunkt über die Kurve und kann damit das Verhalten wie gewünscht einstellen. Der Schnittpunkt mit der gestrichelt eingezeichneten Winkelhalbierenden ist wiederum der ERR-Wert.

Verbreitet ist eine Variante der ROC-Kurven mit dem Namen Detection Error Trade-off (DET), bei der durch entsprechende Normierung der Achsen eine bessere Darstellung des interessanten Bereichs in der Nähe des EER-Punktes erreicht wird [MDK+97]. Anstelle des etwa hyperbolischen Verlaufs der ROC-Kurven sind die DET-Kurven näherungsweise linear. In Bild 3.5 ist eine solche Kurve für zufällig erzeugte Abstandswerte eingetragen. Die Kurve wurde mit der frei verfügbaren Software der Sprachgruppe des amerikanischen National Institute of Standards and Technology (NIST) [2] aus den Abstandswerten berechnet. Diese Darstellung zeigt sehr schön den Einfluss des Wertes der Entscheidungsschwelle auf die beiden Fehlerarten.

---

[2]www.nist.gov/speech/index.htm

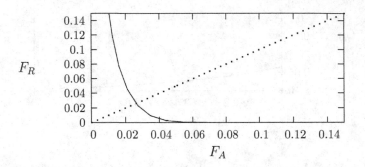

Abbildung 3.4: Receiver-Operator-Characteristic (ROC) für den Zusammenhang zwischen Falschakzeptanz F_A und Falschrückweisung F_R

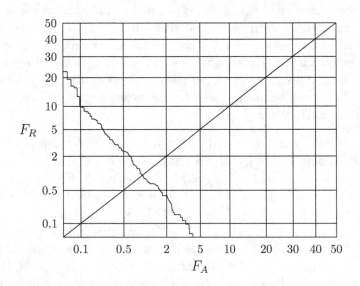

Abbildung 3.5: Detection Error Trade-off-Kurve (DET) , Angaben in %

3.5 Übungen

Übung 3.1 *Die Schwierigkeit der Spracherkennung lässt sich mit den folgenden drei Kriterien erfassen: Benutzerkreis, Wortschatz und Sprechweise. Geben Sie für jede der drei folgenden Kombinationen eine damit realisierbare Anwendung an.*

1. *Sprecherabhängig, kleines Vokabular, isoliert gesprochene Einzelwörter*

2. *Sprecherunabhängig, kleines Vokabular, zusammen hängend gesprochene Einzelwörter*

3. *Sprecherunabhängig, großes Vokabular, fließend gesprochene Sätze*

Kapitel 4

Vorverarbeitung

4.1 Sprachdetektion

Die erste Aufgabe zur Spracherkennung ist die Detektion von Sprache. Es gilt, aus dem kontinuierlichen Aufnahmesignal zu erkennen, wann genau eine Spracheingabe beginnt und endet. Übliche Verfahren basieren auf der Lautstärke des Signals. Wenn man davon ausgeht, dass sich die Spracheingabe deutlich vom Hintergrundgeräusch abhebt, lassen sich an Hand der Stärke des Signals $s(t)$ die Grenzen der Äußerung feststellen. Als Maß für die Stärke berechnet man über kurze Signalabschnitte (typisch ca. 10 ms) die Energie als Summe der Quadrate:

$$e = \sum_{t=t_a}^{t_e} s(t)^2 \ . \tag{4.1}$$

Zur besseren Vergleichbarkeit kann man die logarithmierten Werte

$$e_l = \log_{10} e \tag{4.2}$$

verwenden. Bild 4.1 zeigt für eine Äußerung den Verlauf der so berechneten Werte e_l. In diesem Beispiel sind gut die Grenzen des Wortes zu erkennen. Zur Sprachdetektion werden die berechneten Energiewerte mit geeigneten Schwellen verglichen. Liegt der Wert oberhalb der Schwelle, wird auf Sprache entschieden.

Allerdings hat die Entscheidung auf Sprache für einen solchen kurzen Block alleine noch keine Aussagekraft. Erst wenn eine genügend große Anzahl von Sprachblöcken aufeinander folgen, kann man davon ausgehen, dass tatsächlich ein Sprachsignal vorliegt. Die Vergleichswerte für die Entscheidung können in Sprachpausen gewonnen werden. Bei sich ändernden akustischen Umgebungen ist eine ständige Adaption dieser Werte an den aktuellen Geräuschpegel sinnvoll.

Im Detail erweist sich die exakte Wortgrenzenbestimmung als schwierig. Probleme bereiten:

- Stimmlose An- oder Auslaute mit geringer Energie

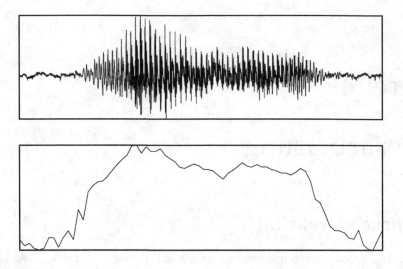

Abbildung 4.1: Zeitverlauf einer Äußerung *Ja* (oben) und blockweise berechnete Energie (unten)

- Kurze Störungen wie z. B. Türschlagen

- Pausen innerhalb einer Äußerung

- Starke Hintergrundgeräusche

Durch Verfeinerung des Verfahrens lässt sich die Genauigkeit und Robustheit verbessern. Allerdings führt dies zu einer Vielzahl von Parametern wie z. B. Mindest- oder Höchstdauer von Pausen, verschiedene Schwellwerte und Konstanten zur Bestimmung der Adaptionsgeschwindigkeit. Die optimale Einstellung all dieser sich teilweise auch noch gegenseitig beeinflussender Größen ist diffizil. Im Zweifelsfall ist es in der Regel günstiger, die Grenzen großzügig zu wählen und die exakte Aufteilung der eigentlichen Spracherkennung zu überlassen. Eine weitergehende Analyse der einzelnen Signalblöcke, wie sie während der Spracherkennung durchgeführt wird, liefert eine bessere Grundlage zur Festlegung der Grenzen.

4.2   Merkmalsextraktion

4.2.1   Blockbildung

In vorigen Kapitel hatten wir Sprache als eine Abfolge von mehr oder weniger langen Abschnitten mit gleichbleibenden Eigenschaften und den Übergängen zwischen diesen Abschnitten betrachtet. Zur weiteren Verarbeitung wird das kontinuierliche Signal in kurze Blöcke unterteilt. Anstelle des im Prinzip zeitlich unbeschränkten Signals $s(t)$ betrachtet man Signale in der Form

$$\hat{s}(t) = \left\{ \begin{array}{rcl} s(t) & : & t_s \leq t < t_s + L \\ 0 & : & sonst \end{array} \right. , \qquad (4.3)$$

bei denen alle Werte außerhalb eines Fensters der Länge L den Wert Null haben. Innerhalb dieser kurzen Blöcke kann man das Signal in guter Näherung als stationär betrachten. Bei der Auswahl der Blocklänge gibt es zwei entgegengesetzte Ziele:

- Je länger die Blöcke, desto besser kann man die Statistik bestimmen

- Je kürzer die Blöcke, desto besser kann man das Signal als stationär behandeln

Ein guter Kompromiss für die Blocklänge liegt im Bereich von 15 bis 20 ms. Für jeden solchen Block ermittelt man dann die gewünschten Merkmale. Um auch schnelle Veränderungen zu erfassen, lässt man die Blöcke zu einem gewissen Teil überlappen. Zusammenfassend kann man das Vorgehen wie folgt beschreiben:

- Festlegung eines Blockes von beispielsweise 20 ms

- Berechnung der Merkmale für diesen Block

- Weiterschieben der Blockgrenzen um z. B. 5 ms

Diese blockweise Verarbeitung wird bis zum Ende der Äußerung fortgesetzt. Das Sprachsignal wird in dieser Betrachtungsweise als eine Folge von kurzen Blöcken konstanter Eigenschaften gesehen. Dies erlaubt nur eine recht grobe Modellierung der Sprachsignale. Es stellt sich die Frage, ob nicht durch geeignete Ansätze das Wesen von Sprache besser erfasst werden kann. So könnte man die Bildung der Blöcke nicht nach einem starren Zeitraster, sondern angepasst an die Lautgrenzen durchführen.

Das Problem derartiger Ansätze liegt in der Auswirkung von Fehlern. Die automatische Segmentierung in z. B. einzelne Laute wird nie fehlerfrei gelingen. Um eine hohe Genauigkeit zu erreichen, sind Informationen über die gesamte Äußerung wichtig, die erst in späteren Phasen der Verarbeitung vorliegen. Umgekehrt sind Fehlentscheidungen in der frühen Phase später nicht oder nur noch schwer korrigierbar. Der dadurch entstehende Schaden überwiegt den eventuellen Nutzen.

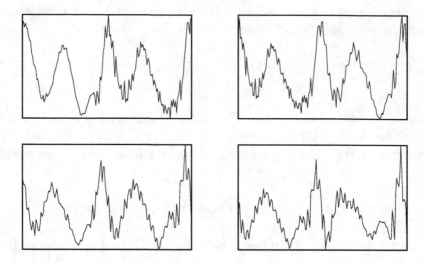

Abbildung 4.2: Vier aufeinander folgende Blöcke aus der Äußerung *Ja* mit 20 ms Länge und 10 ms Überlapp (von links oben nach rechts unten)

4.2.2 Diskrete Fourier-Transformation

Bild 4.2 zeigt beispielhaft vier aufeinander folgende Blöcke aus einer Äußerung des Wortes *Ja*. Die Blöcke sind aus dem Bereich des Vokals [a] entnommen und zeigen eine große Ähnlichkeit. Allerdings fällt ein direkter Vergleich der Zeitsignale schwer. Da die Grenzen der Blöcke nicht mit dem Signal synchronisiert sind, können die einzelnen Signale nicht Punkt für Punkt übereinander gelegt werden.

Daher wird der Vergleich nicht im Zeitbereich, sondern im Frequenzbereich durchgeführt. Dazu wird untersucht, welche Frequenzen in einem Signalblock vorkommen. Der Beitrag jeder Frequenzkomponente wird dann – unabhängig von der Lage innerhalb des Fensters – als Kenngröße verwendet. Dazu führt man eine diskrete Fourier-Transformation (DFT) des Signalblocks durch. Wählt man die Blocklänge der DFT gleich der Fensterlänge L, so berechnet sich die Transformation als

$$
\begin{aligned}
S(n) &= \mathrm{DFT}(s(l)) \\
&= \sum_{l=t_s}^{t_s+L-1} s(l) \cdot e^{-2\pi j \cdot n/L \cdot (l-t_s)} \quad .
\end{aligned}
\tag{4.4}
$$

Das resultierende Spektrum ist periodisch mit L. Bei reellen Eingangsfolgen ist es darüber hinaus konjugiert symmetrisch bezüglich des Ursprungs. Es genügt daher,

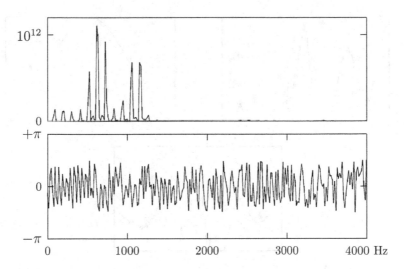

Abbildung 4.3: Betrag und Phase des Spektrums zum stimmhaften Sprachab-schnitt aus Bild 2.1

die L komplexen Werte $S(0), \ldots, S(L/2 - 1)$ zu betrachten. Dies entspricht dem Frequenzbereich bis zur halben Abtastrate $f/2$. Die Frequenzauflösung ergibt sich zu f/L. Aus den komplexen Werten können wiederum Betrag

$$|S(n)| = \mathrm{Re}\{S(n)\}^2 + \mathrm{Im}\{S(n)\}^2 \tag{4.5}$$

und Phase

$$\varphi(n) = \arctan \frac{\mathrm{Re}\{S(n)\}}{\mathrm{Im}\{S(n)\}} \tag{4.6}$$

berechnet werden. In Bild 4.3 sind beispielhaft Betrag und Phase für den bereits in Kapitel 2 verwendeten stimmhaften Ausschnitt aus einer Äußerung des Wortes *Ja* dargestellt. Die Phase spielt sowohl im menschlichen Gehör als auch in der automatischen Spracherkennung keine wesentliche Rolle. Die typischen Merkmale werden nur aus dem Betragsspektrum oder adäquaten Darstellungen abgeleitet. Der in der Darstellung sichtbare große Dynamikbereich wird durch Übergang zu den logarithmierten Werten kompensiert. Damit resultiert die vorab bereits in Bild 2.2 gezeigte typische Darstellung der spektralen Information.

In Hinblick auf die große praktische Bedeutung der DFT wurden zahlreiche optimierte Algorithmen zur schnellen Ausführung entwickelt. Besonders effiziente Verfahren zur schnellen Fourier-Transformation (Fast Fourier Transform, FFT) existieren, wenn die Blocklänge eine Zweierpotenz ist. Der Grundgedanke folgt dem Prinzip „Teile und herrsche": Zur Optimierung wird die Aufgabe der DFT für eine gegebene Länge rekursiv auf mehrere DFTs für jeweils halb so große

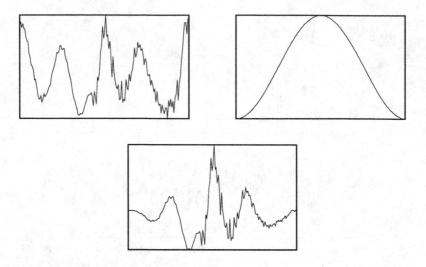

Abbildung 4.4: Zeitsignal eines Blocks der Äußerung *Ja*; a.) Original, b.) Fensterfunktion, c.) Zeitsignal nach Fensterung

Blocklängen aufgeteilt. Für die ausführliche Beschreibung sei auf die zahlreiche
Literatur verwiesen. Eine übersichtliche Darstellung findet man beispielsweise in
[Kra94].

Durch die Aufteilung in Blöcke entstehen an den Grenzen u. U. große Signal-
sprünge. Bei einer Frequenzanalyse führt dies zu einer Verfälschung durch hoch-
frequente Anteile. Daher wird zuvor durch eine geeignete Fensterung das Signal
an den Blockgrenzen gedämpft. Verbreitet ist die Fensterfunktion nach Hamming
in der Form

$$h(i) = 0.54 - 0.46 * \cos(2\pi i/L) \ \ 0 \leq i \leq L - 1 \ . \tag{4.7}$$

In Bild 4.4 ist die Fensterfunktion sowie die Auswirkung auf einen Signalblock
dargestellt. Das weiter oben beschriebene Ausblenden von Blöcken kurzer Länge
gemäß (4.3) entspricht in diesem Sinne einem Rechteck-Fenster. Die aus den
resultierenden Blöcken berechneten Spektren sind in Bild 4.5 zusammengestellt.

4.2.3   Anpassung des Frequenzbereiches

Für die weitere Verarbeitung sind die Spektren in der vollen Frequenzauflösung zu
detailreich. Daher werden die Frequenzen in Gruppen (Frequenzbänder) zusammengefasst. Aus psychoakustischen Experimenten ist bekannt, dass das Gehör

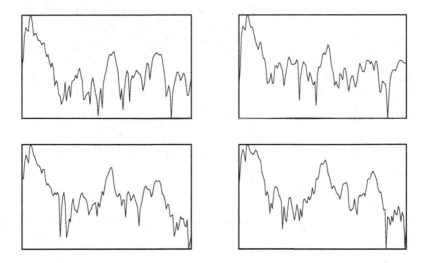

Abbildung 4.5: Logarithmische Darstellung der Spektren von vier aufeinander folgende Blöcke aus der Äußerung *Ja* (von links oben nach rechts unten)

eine nichtlineare Frequenzanalyse des Sprachsignals vornimmt [Zwi82]. Ab etwa 500 Hz nimmt die Frequenzauflösung ab.

Das menschliche Gehör nimmt den Pegel benachbarter Töne gemeinsam wahr. Liegen die Töne innerhalb eines als Frequenzgruppe bezeichneten Bereichs, so werden die Pegel der einzelnen Töne addiert und als Gesamtreiz erfasst. Die Breite dieser Frequenzgruppen ist wiederum frequenzabhängig, wobei die Größe zu hohen Frequenzen zunimmt. Durch Übergang der linearen Frequenzachse auf eine Einteilung gemäß der Frequenzgruppen gelangt man zur Größe Tonheit mit der Einheit Bark[1]. Näherungsweise gilt die Beziehung [O'S87]

$$z = 13 \cdot \arctan(0.76 \cdot f/1000) + 3.5 \cdot \arctan((f/7500)^2) \qquad (4.8)$$

zwischen der Frequenz f in Hz und der Tonheit z in Bark. Eine Alternative ist die Mel-Skala. Hier beruht die Frequenztransformation auf dem Ergebnis von Wahrnehmungsexperimenten mit einzelnen Tönen. Gemessen wurde, welcher Ton als doppelt so hoch wie eine Referenz wahrgenommen wurde. Dabei zeigte sich, dass bei höheren Frequenzen ein nichtlinearer Zusammenhang besteht. Aus den Messergebnissen abgeleitet ist die Näherungsformel

$$m = 1127 \cdot \ln(1 + f/700) \qquad (4.9)$$

---

[1]benannt nach Heinrich Barkhausen, deutscher Physiker, 1881–1956

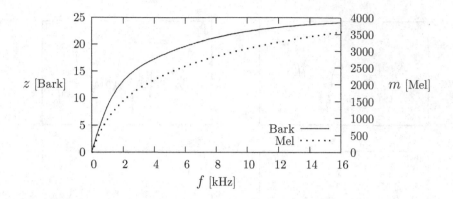

Abbildung 4.6: Zuordnung der linearen Frequenzskala zu Bark- und Mel-Skala

für die Mel-Skala. In Bild 4.6 sind beide Transformationen eingetragen. Bis etwa 500 Hz verlaufen beide linear, um dann zunehmend flacher zu werden.

Das menschliche Gehör ist sicherlich für die Wahrnehmung von Sprache optimiert. Daher ist es nahe liegend, auch für die automatische Verarbeitung diesem Modell zu folgen und die höheren Frequenzen in größeren Gruppen zusammenzufassen. Eine solche Einteilung als Mittelweg zwischen Bark- und Mel-Skalen für den Frequenzbereich bis 8 kHz zeigt Bild 4.7. Eingetragen sind die jeweiligen Mittenfrequenzen der einzelnen Bänder. Bis zu 1 kHz ist der Abstand zwischen Mittenfrequenzen konstant 100 Hz. Oberhalb von 1 kHz wird jede Oktave logarithmisch in 5 Bänder aufgeteilt. Damit reduziert sich die Anzahl der Merkmale auf typischerweise nicht mehr als 20 bis 30 Werte.

Aus den bereits bisher betrachteten vier Blöcken erhält man mit dieser Reduktion die in Bild 4.8 wiedergegebenen Spektren. Im Vergleich zur Ausgangssituation der vier aufeinander folgenden Sprachabschnitte wird eine Darstellung erreicht, die sehr viel deutlicher die Ähnlichkeiten zeigt. Details im Signal sowie die Effekte der zufälligen Lage der Fenster bezüglich des periodischen Signals treten in den Hintergrund. Damit ist das Ziel einer Betonung der für die weitere Verarbeitung relevanten Informationen weitgehend erreicht.

4.2.4   Lineare Prädiktion

Ein zu der Fouriertransformation alternativer Ansatz zur Berechnung von Merkmalsgrößen beruht auf der Vorstellung des in Abschnitt 2.1.1 beschriebenen Quelle-Filter-Modells. Ausgehend von dem Sprachsignals wird zurück auf das Filter geschlossen. Die Koeffizienten des geschätzten Filters oder daraus abgeleitete Kenngrößen dienen dann als Merkmale. Ein geeignetes Verfahren zur Schätzung der Pa-

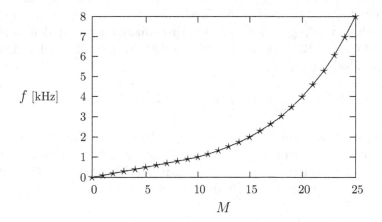

Abbildung 4.7: Lage der Mittenfrequenzen der Frequenzbänder einer hörgerechten Einteilung bei der Bandbreite von 8 kHz

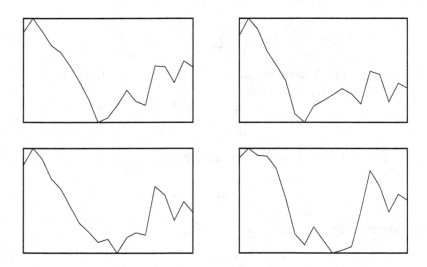

Abbildung 4.8: Logarithmische Darstellung der in Bändern zusammengefassten Spektren von vier aufeinander folgenden Blöcken aus der Äußerung *Ja* (von links oben nach rechts unten)

rameter ist die Lineare Prädiktive Codierung (LPC) oder kurz Lineare Prädiktion [MG76][Mak75]. Der Ansatzpunkt ist die Vorhersage des nächsten Signalwertes aus den bereits bekannten Werten. Als Schätzwert für den Zeitpunkt n berechnet man das Produkt von p geeignet gewählten Koeffizienten a mit den Vorgängerwerten $s(n-1), s(n-2), \dots, s(n-p)$. Damit erhält man für den Schätzwert $s'(n)$ die Bestimmungsgleichung

$$s'(n) = \sum_{k=1}^{p} a(k) \cdot s(n-k) \ . \tag{4.10}$$

Die Gewichte $a(k)$ bezeichnet man dementsprechend als Prädiktorkoeffizienten. Zu ihrer Bestimmung betrachtet man, wie gut die tatsächlichen Werte durch die Schätzwerte angenähert werden. Als Maß dient der Abstand zwischen tatsächlichem Wert und Schätzwert – der Prädiktionsfehler $e(n)$ – gemäß

$$e(n) = s(n) - s'(n) = s(n) - \sum_{k=1}^{p} a(k) \cdot s(n-k) \ . \tag{4.11}$$

Ziel einer guten Prädiktion ist es, den mittleren quadratischen Prädiktionsfehler

$$\epsilon = \sum_{n} e(n)^2 \tag{4.12}$$

zu minimieren. Für Folgen gemäß (4.3), die nur innerhalb eines Intervalls der Länge L von Null verschieden sind, gilt dann

$$\epsilon = \sum_{n=0}^{N-1+p} \left(s(n) - \sum_{k=1}^{p} a(k) \cdot s(n-k) \right)^2 \tag{4.13}$$

Als Bedingung für ein Minimum müssen die partiellen Ableitungen nach den Prädiktorkoeffizienten die Forderung

$$\frac{\partial \epsilon}{\partial a(k)} \stackrel{!}{=} 0 \tag{4.14}$$

erfüllen. Mit der Autokorrelationsfunktion (AKF)

$$r(l) = \sum_{n=0}^{N-1+l} s(n) \cdot s(n+l) \tag{4.15}$$

und unter Ausnutzung der Symmetrie

$$r(l) = r(-l) \ , \tag{4.16}$$

erhält man beim Ausführen der partiellen Ableitungen folgendes Gleichungssystem

$$\begin{bmatrix} r(0) & r(1) & \cdots & r(p-1) \\ r(1) & r(0) & \cdots & r(p-2) \\ \vdots & \vdots & \ddots & \vdots \\ r(p-1) & r(p-2) & \cdots & r(0) \end{bmatrix} \cdot \begin{bmatrix} a(1) \\ a(2) \\ \vdots \\ a(p) \end{bmatrix} = \begin{bmatrix} r(1) \\ r(2) \\ \vdots \\ a(p) \end{bmatrix} \tag{4.17}$$

zur Bestimmung der Prädiktorkoeffizienten. Mit den Vektoren **a** und **r** und der Korrelationsmatrix **R** lässt sich das Gleichungssystem kompakt als

$$\mathbf{R} \cdot \mathbf{a} = \mathbf{r} \ . \tag{4.18}$$

schreiben. Grundlage zur Berechnung des Prädiktors ist demnach die Autokorrelationsfunktion oder genauer gesagt die Kurzzeit-Autokorrelation des Signalblockes. Sie ist wie bereits erwähnt eine gerade Funktion. Der Wert von $r(l)$ ist ein Maß für die Korreliertheit von Signalwerten im Abstand l. Bei $l = 0$ ergibt sich die Summe der quadrierten Werte

$$r(0) = \sum_{n=0}^{N-1} s(n)^2 \ . \tag{4.19}$$

Dies ist ein Maß für die Leistung des Signals und gleichzeitig der Maximalwert. Andererseits reduziert sich bei statistischer Unabhängigkeit von Signalwerten im Anstand l der Wert $r(l)$ auf das Quadrat des Mittelwertes. Bei mittelwertfreien Signalen resultiert damit der Wert 0. Die AKF ist eine Darstellung im Zeitbereich. Die Fouriertransformation führt nach dem Wiener-Khintchine-Theorem zu dem Leistungsdichtespektrum.

Die Korrelationsmatrix besitzt eine symmetrische Toeplitz-Form, bei der jede Parallele zur Hauptdiagonalen einen festen Wert hat. Diese Symmetrie ermöglicht die Lösung des Gleichungssystems (4.17) mit sehr effizienten Verfahren. Sehr verbreitet ist der rekursive Levinson-Durbin-Algorithmus. Dabei werden ausgehend von einem einstufigen Prädiktor nacheinander Prädiktoren höherer Ordnung berechnet.

Die resultierende Lösung enthält dann diejenigen Werte, die für einen Prädiktor gegebener Ordnung die Differenz zwischen Schätzwert und tatsächlichem Signal minimieren. Anschaulich gesprochen, wird der Prädiktor die vorhandenen Abhängigkeiten im Signal ausnutzen. Es ist demnach zu erwarten, dass in dem verbleibenden Fehlersignal – zumindest innerhalb der Reichweite p des Prädiktors – keinerlei Abhängigkeiten verbleiben. Betrachtet man den Prädiktor als ein digitales Filter, so geht (4.11) durch Anwendung der Z-Transformation in die Form

$$E(z) = \left[1 - \sum_{k=1}^{p} a(k) \cdot z^{-k} \right] S(z) \tag{4.20}$$

über. Das Filter

$$A(z) = 1 - \sum_{k=1}^{p} a(k) \cdot z^{-k} \tag{4.21}$$

bezeichnet man als Prädiktionsfehlerfilter. Gemäß

$$E(z) = A(z) \cdot S(z) \tag{4.22}$$

führt die Filterung von einem im Allgemeinen korrelierten Signal $S(z)$ zu einem unkorrelierten Signal $E(z)$. Umgekehrt kann mit

$$S(z) = 1/A(z) \cdot E(z) \tag{4.23}$$

aus dem Fehlersignal das ursprüngliche Signal rekonstruiert werden. Zur Vollständigkeit benötigt man noch einen Verstärkungsfaktor G für das Eingangssignal:

$$S(z) = G/A(z) \cdot E(z) \ . \tag{4.24}$$

Er berechnet sich aus den Filterkoeffizienten und den Autokorrelationswerten nach der Beziehung

$$G^2 = r(0) + \sum_{k=1}^{p} a_k \cdot r(k) \ . \tag{4.25}$$

Das Filter $H(z) = 1/A(z)$ kann damit im Quelle-Filter-Modell zur Synthese des Sprachsignals dienen. Es besitzt neben einer p-fachen Nullstelle bei $z = 0$ nur Pole. Daher spricht man von Allpol-Modellen oder autoregressiven (AR) Modellen. Es lässt sich zeigen, dass – sofern man nur die Prädiktor-Ordnung groß genug wählt – jedes Spektrum mit beliebiger Genauigkeit approximiert werden kann. Natürlich wäre es trotzdem wünschenswert, Nullstellen direkt durch entsprechend erweiterte Modelle zu beschreiben. Leider sind für allgemeine Pol-Nullstellen-Modelle keine vergleichbar einfachen und effizient realisierbaren Verfahren verfügbar.

Die mittlere Fehlerleistung ϵ lässt sich nach dem Parseval'schen Theorem[2] äquivalent zum Zeitbereich im Frequenzbereich berechnen. Es gilt der Zusammenhang

$$
\begin{aligned}
\epsilon &= \sum_{n=0}^{N-1+p} e^2(n) \\
&= \frac{1}{2\pi} \int_{-\pi}^{+\pi} \left| E(e^{-j\omega}) \right|^2 d\omega \\
&= \frac{1}{2\pi} \int_{-\pi}^{+\pi} \left| A(e^{-j\omega}) \right|^2 \cdot \left| S(e^{-j\omega}) \right|^2 d\omega \\
&= \frac{1}{2\pi} \int_{-\pi}^{+\pi} \frac{\left| S(e^{-j\omega}) \right|^2}{\left| H(e^{-j\omega}) \right|^2} d\omega
\end{aligned}
\tag{4.26}
$$

Das Kriterium des minimalen Fehlers ist demnach äquivalent zur Minimierung des Integrals über den Quotienten zweier Betragsspektren.

---

[2]Mark-Antoine Parseval, französischer Mathematiker, 18. Jhdt.

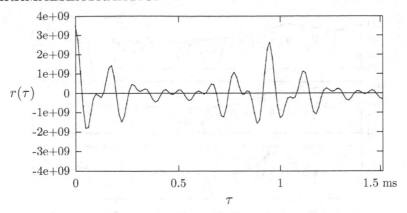

Abbildung 4.9: Autokorrelationsfunktion des Beispielsegments

Die Wirkungsweise der Schätzung des linearen Prädiktors soll wiederum an unserem Standardsegment veranschaulicht werden. Ausgangspunkt ist die Berechnung der Autokorrelationsfunktion $r(l)$ nach Gleichung (4.15). Bild 4.9 zeigt die AKF für den Bereich bis 1.5 ms (entsprechend 120 Abtastwerten). Deutlich zu erkennen ist das Maximum knapp vor 1 ms, das von der Sprachgrundfrequenz von in diesem Beispiel etwa 100 Hz herrührt.

Die Wirkungsweise der linearen Prädiktion zur spektralen Schätzung zeigt Bild 4.10. Hierzu wurde aus den LPC-Koeffizienten das zugehörige Betragsspektrum berechnet. In dem Bild sind die Verläufe für verschiedene Prädiktorordnungen sowie das durch Fouriertransformation erhaltene Betragsspektrum gegenüber gestellt. Die Fensterbreite beträgt 400 Abtastwerte bei einer Abtastrate von 8 kHz. Die Abbildungen belegen die zunehmende Approximation des Fourierspektrums durch das LPC-Spektrum mit zunehmender Prädiktorordnung. Die Berechnung über die LPC-Analyse bedingt gleichzeitig eine Glättung. Das LPC-Spektrum gibt den wesentlichen Verlauf gut wieder. Details und insbesondere auch die Feinstruktur durch die Vielfachen der Sprachgrundfrequenz gehen verloren. In Hinblick auf den Einsatz in der sprecherunabhängigen Erkennung ist dies allerdings ein durchaus gewünschtes Verhalten, da man ohnehin nur an dem groben Verlauf interessiert ist und die sprecherabhängigen Details gerne ausblendet.

In dem Beispiel erscheint eine Prädiktorordnung von 16 ausreichend für eine hinreichend gute Beschreibung. Als generelle Regel gilt, dass man einen Formanten mit zwei Koeffizienten erfassen kann. Mit typischerweise einem Formanten pro 1000 Hz gilt dann eine „Zwei Koeffizienten pro kHz"-Regel. Weitere Koeffizienten werden benötigt, um spektrale Eigenschaften wie z. B. den Bandpasscharakter von Telefonübertragungen zu modellieren.

Aus den Filterkoeffizienten des Prädiktors können eine Reihe von anderen Darstellungen berechnet werden. Gebräuchlich sind dabei im Wesentlichen die

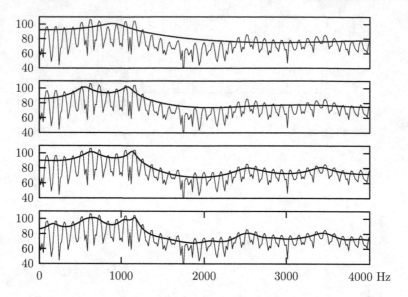

Abbildung 4.10: Approximation eines Sprachspektrums durch Prädiktoren der Ordnung 4, 8, 16 und 32 (im Bild von oben nach unten)

Reflektions- oder PARCOR-Koeffizienten, wobei PARCOR für *partial correlation* steht, die Log-Area-Koeffizienten und die Line Spectral Frequencies (LSF). Alle diese Koeffizienten sind grundsätzlich gleichwertig. Aber einige bieten im praktischen Einsatz Vorteile. Insbesondere sind sie robuster als die Filterkoeffizienten. Bei Filterkoeffizienten können schon kleine Änderungen im Wert, wie sie beispielsweise bei der Quantisierung resultieren, zu instabilen Filtern führen. Die genannten Koeffizienten sind in dieser Hinsicht weniger anfällig, beziehungsweise ist die Stabilität des zugehörigen Filters leichter zu gewährleisten. So gilt für die Reflektions-Koeffizienten, dass sie stets betragsmäßig kleiner als Eins sein müssen.

Das Quelle-Filter-Modell beinhaltet ein weiteres Filter zur Modellierung der Schallabstrahlung am Mund. In der Analyse wird dieser Effekt durch ein so genanntes Preemphase-Filter $H_p(z)$ mit der Systemfunktion

$$H_p(z) = 1 - k \cdot z^{-1} \tag{4.27}$$

erfasst. Üblich sind Werte für den Filterkoeffizienten k im Bereich 0.95 bis 0.99. Das Preemphase-Filter bewirkt als Hochpass eine Anhebung der höheren Frequenzen. In Bild 4.11 ist die Auswirkung eines Preemphase-Filters auf das LPC-Spektrum für das Beispielsegment dargestellt. Die Anteile bis etwas mehr als 1000 Hz werden abgeschwächt und die höheren Anteile verstärkt.

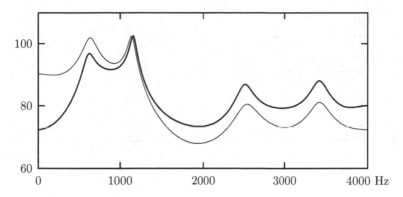

Abbildung 4.11: Vergleich der geschätzten LPC-Spektren ohne und mit Preemphasefilter ($k = 0,98$, Prädiktorordnung 16)

$$\text{Zeit} \quad \Longrightarrow \quad \text{Frequenz}$$
$$\Downarrow$$
$$\text{Quefrency} \quad \Longleftarrow \quad \text{logarithmische Frequenz}$$

Abbildung 4.12: Transformationen zwischen Zeit, Frequenz- und Quefrenz-Bereich

4.2.5 Cepstrale Darstellung

Oft werden nicht die Frequenzwerte selbst, sondern die durch eine weitere Transformation daraus bestimmten Cepstralwerte verwendet. Dazu wird zunächst der Logarithmus des Spektrums berechnet. Daraus wird dann durch eine erneute Fourier-Transformation das Cepstrum gebildet. Je nachdem, ob der komplexe oder reelle Logarithmus verwendet wird, spricht man von komplexem oder reellem Cepstrum. Das Cepstrum selbst ist in beiden Fällen reellwertig.

Durch die erneute Fourier-Transformation erreicht man einen zu dem Zeitbereich parallelen Bereich. Sprachlich wird dies ausgedrückt durch Vertauschung der Anfangsbuchstaben: aus Spectrum wird Cepstrum, aus Frequenz Quefrenz, aus Filter Lifter und so weiter [BHT63]. Bild 4.12 zeigt die Zusammenhänge zwischen den einzelnen Bereichen.

Durch die Anwendung des Logarithmus werden aus multiplikativen Anteilen im Spektrum additive Anteile im Cepstrum. Eine Multiplikation im Spektralbereich wiederum entspricht einer Faltung beziehungsweise einer Filterung. Hierin liegt der Vorteil der Cepstrums: die Anteile aus den diversen Systemen, die das Sprachsignal durchlaufen hat wie z. B. Mikrophon oder Telefonleitung, liegen additiv vor und können damit relativ leicht entfernt werden. Eine einfache Methode ist die cepstrale Subtraktion. Dabei wird über einen längeren Zeitraum ein cep-

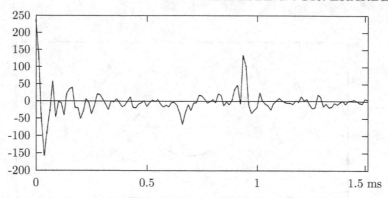

Abbildung 4.13: Cepstrum des Beispielsegments

straler Mittelwert gebildet, der dann die zeitlich weitgehend konstanten Anteile der Übertragungsfunktion enthält. Dieser Mittelwert wird schließlich von den einzelnen Cepstren abgezogen.

In Bild 4.13 ist für das Beispielssegment das durch Rücktransformation des logarithmierten DFT-Betragsspektrums gewonnene Cepstrum dargestellt. Berechnet wurden die ersten 120 Cepstralwerte entsprechend 1.5 ms. Auch hier findet man wieder die zur Sprachgrundfrequenz gehörende Spitze bei etwa 1 ms. Durch Beschränkung auf die ersten Cepstralwerte kann man diese Anteile ausblenden. In der Praxis verwendet man typischerweise zwischen 10 und 20 Cepstralwerte.

Verwendet man zur Analyse das LPC-Verfahren, so lassen sich die Cepstralwerte $c(k)$ direkt aus den Filterkoeffizienten $a(n)$ berechnen. Es gilt die Rekursionsvorschrift

$$c(k) = -a(k) - \sum_{m=1}^{k-1}(1 - \frac{m}{k} \cdot a(m) \cdot c(k-m) \ . \tag{4.28}$$

Der Unterschied zwischen LPC- und DFT-Cepstralwerten ist nicht sehr groß. Vergleichende Untersuchungen von Furui [Fur81] an einem System zur Sprecherverifikation ergaben keine signifikanten Unterschiede in der Erkennungssicherheit zwischen beiden Merkmalen.

Messungen zeigen, dass die Varianz der Cepstralwerte mit steigender Ordnung k näherungsweise mit $1/k^2$ abnimmt. Daher tragen bei einem direkten Vergleich die höheren Werte deutlich weniger zu dem gesamten Abstand bei. Als Gegenmaßnahme werden die Varianzen durch geeignete Faktoren gewichtet. Ein einfacher Ansatz ist die Multiplikation mit der Ordnung k. Juang et. al. führten eine allgemeinere Fensterfunktion – dann als cepstraler Lifter bezeichnet – in der Form

$$w(k) = 1 + h\sin(\frac{k}{L} \cdot \pi) \tag{4.29}$$

ein [JRW87]. Die beiden Parameter h und L bestimmen Höhe und Breite der Sinus-Kurve. Im Spektralbereich führt dieser Lifter zu einer Anhebung der höheren Frequenzen und Aufweitung der zu den Formaten gehörenden spektralen Spitzen. In dem Originalbeitrag berichteten die Autoren über deutliche Verbesserung bei einem sprecherunabhängigen Erkenner für Zahlwörter. Seitdem wurde die Wirksamkeit des spektralen Lifters vielfach bestätigt.

4.2.6 Dynamische Merkmale

Aus jedem Sprachblock wird, wie beschrieben, ein Satz von Merkmalswerten bestimmt. Diese bezeichnet man zusammengefasst als Merkmalsvektor. Wenn $x_i(t)$ den i-ten Merkmalswert des Blocks mit dem Index t bezeichnet, dann lassen sich alle Merkmalswerte dieses Blocks als Vektor

$$\mathbf{x}(t) = (x_1(t), \dots, x_N(t)) \qquad (4.30)$$

schreiben. Die komplette Äußerung wird dann durch die Abfolge der Merkmalsvektoren beschrieben:

$$\boxed{\mathbf{x}(1) \mid \dots \mid \mathbf{x}(t) \mid \dots \mid \mathbf{x}(T)} \qquad (4.31)$$

Diese Folge von Vektoren wird im Folgenden als Darstellung einer Äußerung X in der Art

$$X = (\mathbf{x}(1), \dots, \mathbf{x}(t), \dots, \mathbf{x}(T)) \qquad (4.32)$$

verwendet.

Der Verlauf der Merkmalsgrößen über mehrere Blöcke hinweg kann mit dynamischen Merkmalen erfasst werden. Dazu betrachtet man den zeitlichen Verlauf einer Komponente x_i. Dieser Verlauf kann wichtige Hinweise für die Erkennung liefern. Beispielsweise lässt sich daran erkennen, ob ein Merkmalsvektor zu einem weitgehend stationären Bereich mit ähnlichen Vorgängern und Nachfolgern gehört oder in einem Übergangsbereich mit starken Veränderungen von Block zu Block liegt. Praktisch berechnet man als Näherung für die erste Ableitung an der Stelle t den Wert

$$\Delta x_i(t) = \sum_{n=-N}^{N} n \cdot x_i(t+n) \; / \; \sum_{n=-N}^{N} n^2 \qquad (4.33)$$

aus den jeweils N Vorgängern und Nachfolgern. Im Beispiel $N = 2$ erhält man

$$\Delta x_i(t) = \frac{1}{10} \cdot \{-2 \cdot x_i(t-2) - x_i(t-1) + x_i(t+1) + 2 \cdot x_i(t+2)\} \qquad (4.34)$$

beziehungsweise

$$\Delta x_i(t) = \frac{1}{10} \cdot \{2 \cdot (x_i(t+2) - x_i(t-2)) + x_i(t+1) - x_i(t-1)\} \; . \qquad (4.35)$$

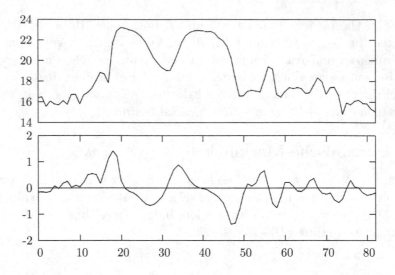

Abbildung 4.14: Verlauf der Merkmale Energie (oben) und Delta-Energie (unten) einer Äußerung des Wortes *Physik*

Diese so genannten Delta-Koeffizienten können dann mit den ursprünglichen Größen in einem neuen Merkmalsvektor zusammengefasst werden. Das Verfahren kann zur Berechnung der zweiten Ableitung fortgesetzt werden. Gleichung 4.33 kann auch als Bestimmungsgleichung eines digitalen Filters interpretiert werden. Durch das Filter werden langsam veränderliche Anteile in den Merkmalen entfernt.

Als Beispiel ist in Bild 4.14 der Verlauf der beiden Merkmale Energie und Delta-Energie einer Äußerung des Wortes *Physik* dargestellt. In die Berechnung der Delta-Koeffizienten gehen nur Differenzen zwischen Merkmalswerten ein. Daher haben konstante oder langsam veränderliche Anteile im Merkmalsverlauf keine Auswirkung auf die Delta-Koeffizienten. Die Delta-Koeffizienten sind damit unempfindlich gegenüber im Merkmalsraum additiven Störungen.

In einem anderen Ansatz zur Beschreibung längerer Abhängigkeiten fasst man mehrere aufeinander folgende Merkmalsvektoren jeweils zu einem so genannten Supervektor zusammen. In der Regel werden bei diesem Ansatz die hochdimensionalen Supervektoren durch eine nachgeschaltete Stufe zur Auswahl der wichtigsten Merkmale auf besser zu verarbeitende Merkmalsvektoren niedrigerer Dimension reduziert.

4.2.7 Andere Merkmale

Das beschriebene Vorgehen zur Merkmalsextraktion soll lediglich das Grundprinzip veranschaulichen. Es existieren eine Vielzahl von alternativen Vorschlägen. Einige davon sind:

- Perceptual Linear Prediction (PLP): PLP, vorgeschlagen von Hermansky [Her90], ist eine Kombination der DFT- und LPC-Ansätze. Dabei wird zunächst das DFT-Spektrum berechnet und an die psycho-akustischen Eigenschaften des Ohres angepasst. Das Resultat wird dann durch ein Allpol-Modell beschrieben.

- RelAtive SpecTrAl Transform PLP (RASTA): Eine Erweiterung von PLP in Hinblick auf eine höhere Robustheit ist RASTA [HM94]. Dabei werden zeitlich aufeinanderfolgende Werte der einzelnen Frequenzbänder gefiltert, um einerseits den Verlauf zu glätten und andererseits konstante Störanteile zu entfernen.

- Psycho-akustische Ansätze: Mehrere Merkmalsarten basieren auf detaillierten Funktionsmodellen für das zeitliche und spektrale Verhalten des menschlichen Gehörs. Beispielhaft seien hier Lautheit [Rus88], ensemble interval histogram (EIH) [Ghi92] und PEMO [DKK97] genannt. Derartige Ansätze haben sich insbesondere bei der Erkennung gestörter Sprachsignale bewährt.

- Aurora: Unter dieser Bezeichnung wurde ein ETSI[3]-Standard [Pea01] für die Merkmalsextraktion in so genannten Distributed Speech Recognition (DSR) Szenarios entwickelt. Die Grundidee ist, bei Telefonanwendungen die Merkmalsextraktion bereits im Endgerät durchzuführen und dann die gewonnenen Merkmalsvektoren an den Server zu senden. Damit umgeht man Probleme durch die teilweise schlechte Sprachqualität bei Übertragungskanälen mit niedriger Kapazität, wie sie in Mobilfunknetzen gegeben sind.

Keine der Merkmalsarten hat sich als allgemein überlegen erwiesen. Die erzielten Resultate hängen stark von der weiteren Verarbeitung und von den Einsatzbedingungen ab. So erfordert die robuste Erkennung bei stark gestörten Signalen andere Merkmale als etwa die Erkennung von qualitativ hochwertigen Aufnahmen.

Es ist allerdings auch durchaus möglich, mehrere Merkmalsarten parallel zu verwenden. Die verschiedenen Merkmale können in einen großen Merkmalsvektor zusammengefasst werden oder als einzelne, voneinander unabhängige Merkmalsströme betrachtet werden. Auch können Merkmale aus unterschiedlichen Quellen

---

[3]European Telecommunications Standards Institute

kombiniert werden. Korthauer [Kor01] beispielsweise erreichte durch die Kombination von Merkmalen aus parallelen Mikrophonkanälen eine deutliche Verbesserung der Erkennungssicherheit.

4.3   Vektor-Quantisierung

Zur Reduktion der Datenmenge kann das Verfahren der Vektor-Quantisierung angewandt werden [LBG80] [Gra84]. Die Grundidee ist, einen Satz von typischen, repräsentativen Vektoren bereitzustellen. Ein Merkmalsvektor wird mit allen diesen Mustervektoren verglichen, um den daraus am besten passenden zu finden. Der Merkmalsvektor wird dann durch diesen Mustervektor ersetzt. Für die weitere Verarbeitung genügt es, sich den Index des gewählten Mustervektors zu merken. Dabei erfolgt eine doppelte Datenkompression: aus dem mehrdimensionalen Vektor von reellen Zahlen wird ein ganzzahliger Index. Sei C die Menge von N Mustervektoren:

$$C = \{\mathbf{c}_1, \ldots, \mathbf{c}_N\} \ . \tag{4.36}$$

Weiterhin bezeichne $d(\mathbf{x}, \mathbf{y})$ ein Abstandsmaß zwischen zwei Vektoren. Gebräuchlich sind der Betragsabstand

$$d(\mathbf{x}, \mathbf{y}) = \sum_i \mid x_i - y_i \mid \tag{4.37}$$

und der quadrierte Euklidische Abstand

$$d(\mathbf{x}, \mathbf{y}) = \sum_i (x_i - y_i)^2 \ , \tag{4.38}$$

jeweils berechnet als Summe über alle Komponenten. Bei diesen beiden Abstandsmaßen gehen alle Komponenten mit gleichem Gewicht ein. Daher werden Komponenten mit einem großen Wertebereich gegenüber anderen mit kleinerem Wertebereich dominieren. Um diesen Effekt zu vermeiden, kann man die einzelnen Beiträge durch die jeweilige Varianz dividieren

$$d(\mathbf{x}, \mathbf{y}) = \sum_i 1/\sigma_i^2 \cdot (x_i - y_i)^2 \ . \tag{4.39}$$

Berücksichtigt man darüber hinaus die Abhängigkeiten zwischen den einzelnen Komponenten, so gelangt man zum Mahalanobis[4]-Abstand

$$d(\mathbf{x}, \mathbf{y}) = (\mathbf{x} - \mathbf{y})^T \mathbf{S}^{-1} (\mathbf{x} - \mathbf{y}) \tag{4.40}$$

wobei $\mathbf{S}^{-1}$ die inverse Kovarianzmatrix bezeichnet. Ansonsten wird bei diesen Abstandsmaßen kein Wissen über die Merkmale verwendet. Die einzige Annahme

---

[4]Prasantha Chandra Mahalanobis, indischer Physiker, 1893–1972

ist, dass sie einem entsprechendem Ähnlichkeitsprinzip gehorchen. Ein geringer Abstand zwischen Merkmalsvektoren soll eine Ähnlichkeit der zugrunde liegenden Sprachblöcke bedingen. Dies ist allerdings nicht bei allen Merkmalsgrößen gegeben. Beispielsweise sind die bei dem Verfahren der linearen Prädiktion berechneten Filterkoeffizienten in diesem Sinne ungeeignet. Kleine Abweichungen im Zahlenwert der Filterkoeffizienten können bereits zu instabilen und damit physikalisch unsinnigen Filtern führen. In diesem Fall ist das spezielle Itakura-Abstandsmaß [Ita76], das gemäß

$$d(\mathbf{a}_x, \mathbf{a}_y) = \log \frac{\mathbf{a}_y \mathbf{R} \mathbf{a}_y^T}{\mathbf{a}_x \mathbf{R} \mathbf{a}_x^T} \tag{4.41}$$

aus den Filterkoeffizienten $\mathbf{a}_x$ und $\mathbf{a}_y$ und der Korrelationsmatrix $\mathbf{R}$ berechnet wird, wesentlich besser geeignet. Daneben finden eine ganze Reihe von verschiedenen spezialisierten Abstandsmaßen Verwendung. Übersichtliche Darstellungen finden sich unter anderem in dem Beitrag von Gray und Markel [GM76] sowie in dem Buch von Rabiner und Juang [RJ93].

Mit dem gewählten Abstandsmaß wird für einen Merkmalsvektor $\mathbf{x}_t$ das Minimum aller Abstände

$$\mathbf{c}_b = \min_{i=1,\ldots,N} d(\mathbf{x}_t, \mathbf{c}_i) \tag{4.42}$$

bestimmt. Zur weiteren Verarbeitung wird der Merkmalsvektor durch den ermittelten Index b ersetzt. Aus der Folge von Merkmalsvektoren einer Äußerung $\mathbf{x}(1), \ldots, \mathbf{x}(T)$ wird auf diese Art und Weise eine Indexfolge $b_1, \ldots, b_T$ mit $b_t \in \{1, \ldots, N\}$.

Die Mustervektoren können aus Beispieldaten gewonnen werden. Dazu existieren Algorithmen, um aus den Daten eine vorgegebene Anzahl von Repräsentanten zu erzeugen. Diese Vektoren entstehen bei den Standardverfahren durch Mittelung über Gruppen von untereinander ähnlichen Vektoren. Häufig verwendet wird der Lloyd-Algorithmus. Um aus K Merkmalsvektoren N Repräsentanten $\mathbf{c_n}$ zu bestimmen, geht man wie folgt vor:

1. Initialisierung:
   Man wählt N Startvektoren. Die Startwerte kann man mit Zufallszahlen belegen, oder man kann einige der gegebenen Merkmalsvektoren verwenden.

2. Quantisierung:
   Für jeden Vektor $\mathbf{x}_k$ sucht man den ähnlichsten Repräsentanten $\mathbf{c}_{k_{opt}}$ und akkumuliert den Abstand $d(\mathbf{x}_k, \mathbf{c}_{k_{opt}})$. Insgesamt erhält man den Quantisierungsfehler

$$D = \sum_{k=1}^{K} d(\mathbf{x}_k, \mathbf{c}_{k_{opt}}) \,. \tag{4.43}$$

3. Aktualisierung:
   Der neue Wert für einen Repräsentanten $\mathbf{c'_n}$ wird als Mittelwert über alle

K_n Merkmalsvektoren mit minimalem Abstand zu diesem Repräsentanten gemäß

$$\mathbf{c'}_n = 1/K_n \sum_{k,k_{opt}=n} \mathbf{x}_k \qquad (4.44)$$

berechnet. Das Verfahren endet, falls die Verbesserung im Quantisierungsfehler D unter eine gegebene Schwelle fällt oder die Maximalzahl von Iteration erreicht ist. Ansonsten folgt wieder Schritt 2 mit einer neuen Quantisierung.

Die Menge der resultierenden Mustervektoren wird als Codebuch bezeichnet. In dieser Form hängt das Resultat des iterativen Verfahrens von den gewählten Anfangswerten ab. Damit besteht die Gefahr, dass durch ungünstige Anfangswerte nur ein weniger gutes lokales Maximum erreicht wird. Dieses Problem kann mit dem Linde-Buzo-Gray-Algorithmus (LBG-Algorithmus) vermieden werden. Bei diesem Verfahren arbeitet man mit zunehmend größer werdenden Codebüchern. Im einfachsten Fall startet man mit einem Codebuch der Größe eins. Der erste Repräsentant $\mathbf{c}_1^1$ ist dann der Mittelwert über alle Vektoren. Aus diesem ersten Mustervektoren werden neue Muster erzeugt. Beispielsweise kann man mit einem „kleinen" Vektor δ zwei neue Repräsentanten

$$\{\mathbf{c}_1^2, \mathbf{c}_2^2\} = \{\mathbf{c}_1^1 + \delta, \mathbf{c}_1^1 - \delta\} \qquad (4.45)$$

erzeugen. Diese beiden neuen Werte werden dann mit dem beschriebenen Lloyd-Algorithmus optimiert. Im nächsten Schritt werden aus den beiden gewonnenen Repräsentanten neue Startwerte für den nächsten Durchlauf gewonnen. Dazu gibt es verschiedene Möglichkeiten. So kann man alle Repräsentanten oder nur eine – beispielsweise nach der Größe ihres Quantisierungsbereiches ausgewählte – Teilmenge „vermehren".

Zur Darstellung der Indexfolge benötigt man nur noch $\log_2 N$ bit pro Index. Damit ist eine beträchtliche Datenreduktion erreicht. Zur effizienten Suche kann ein Codebuch in Form eines Baumes angelegt werden. Weiterhin ist die weitere Verarbeitung wesentlich vereinfacht, da nur noch Werte aus einem endlichen Vorrat behandelt werden müssen. Dafür lassen sich oft besonders effiziente Lösungen mittels Tabellen realisieren. Der prinzipielle Nachteil ist der unvermeidliche Informationsverlust. Nach der Vektor-Quantisierung sind Detailinformationen verloren. Man weiß zwar, welcher Repräsentant am ähnlichsten war, aber die Information, wie groß der Abstand war, ist nicht mehr zugänglich. Mit zunehmender Rechenleistung und der Verfügbarkeit von großen Datenbeständen als Basis für eine detailliertere Beschreibung hat die Vektor-Quantisierung in der Spracherkennung an Bedeutung verloren.

Es sei angemerkt, dass das Verfahren der Vektor-Quantisierung bereits ausreicht, um einen Spracherkenner zu realisieren. Dazu wird für jedes zu erkennende Wort aus einer Anzahl von Referenzäußerungen ein eigenes Codebuch generiert. Zur Erkennung werden die Merkmalsvektoren einer Äußerung mit allen vorhanden Codebüchern quantisiert. Dabei dient der jeweils resultierende Quantisierungsfehler als Ähnlichkeitsmaß. Das Wort, dessen Codebuch den kleinsten Abstand liefert, gilt als erkannt.

Bei diesem Verfahren wird keine Information über die zeitliche Abfolge der Merkmalsvektoren berücksichtigt. Daher eignet sich das Verfahren nur sehr beschränkt zur Worterkennung. Wörter mit den gleichen Lauten in unterschiedlicher Reihenfolge könnten nicht unterschieden werden. Besser passt das Verfahren zu Anwendungen der Sprechererkennung. Hier stellt sich oft die Aufgabe, unabhängig vom gesprochenen Text die Identität eines Sprechers zu bestimmen. Als Beispiel seien hier die Arbeiten von Rosenberg und Soong [RS86] genannt.

4.4 Übungen

Übung 4.1 *Vorverarbeitung*
Mit dem Java-Anwendungen `FBGenerator` *und* `fbview` *können Beispielsignale erzeugt, dargestellt und analysiert werden. Informationen zu beiden Programmen sind in Kapitel 11 zusammengestellt. Installieren Sie zunächst beide Programme.*

- *Starten Sie die beiden Programme.*

- *Erzeugen Sie mit* `FBGenerator` *ein Sinus-Signal mit 4000 Abtastwerten und Frequenz 2500 Hz. Das Signal wird automatisch in* `fbview` *dargestellt.*

- *Markieren Sie in dem Signal einen längeren Abschnitt und starten über das Kontextmenü (rechte Maustaste) die Spektralanalyse.*

- *Der Wert von* `premphase` *soll auf 0 gesetzt werden. Welche Auswirkung hat dies auf das Spektrum?*

- *Vergleichen Sie die Spektren bei Fensterbreiten (*`frame`*) von*

  - *128*
  - *256*
  - *512*
  - *1024*

- *Vergleichen Sie bei einem Fenster der Länge 128 die Auswirkung von Rechteck- und Hamming-Fenster.*

- *Wie sieht das Spektrum bei einem Rechtecksignal der gleichen Frequenz aus?*

- *Zeichnen Sie ein kurzes Stück eigene Sprache auf. Welche spektrale Verteilung ergibt sich im Mittel? Wie unterscheiden sich die Signale in stimmhaften und stimmlosen Abschnitten?*

Kapitel 5

Mustervergleich

Let's do the Timewarp again
It's just a jump to the left
And then a step to the right

aus: The Time Warp, Richard O'Brien

5.1 Grundprinzip

Spracherkennung kann man als ein Problem der Mustererkennung auffassen. Die Aufgabe besteht darin, den Inhalt einer Äußerung durch Vergleich mit vorhandenen Sprachmustern zu bestimmen.

Betrachten wir zunächst nur das Problem der Einzelworterkennung. Gegeben sei ein Vorrat von Äußerungen der N zu erkennenden Wörter. Der Einfachheit halber nehmen wir an, dass von jedem Wort $W_1, \ldots, W_N$ genau eine Äußerung oder Referenz abgelegt ist. Entsprechend verfügen wir über einen Satz von Mustern $R_1, \ldots, R_N$. Eine unbekannte Äußerung Y wird nun mit jedem Muster verglichen. Dazu benötigen wir eine Vergleichsfunktion D, die den Abstand zwischen zwei Äußerungen bestimmt. Mit anderen Worten, $D(X, Y)$ ist ein Maß für die Ähnlichkeit beziehungsweise Unähnlichkeit zweier Äußerungen X und Y. Eine sinnvolle Vereinbarung ist, dass der Vergleich einen positiven Wert liefert, wobei kleine Werte große Ähnlichkeit bedeuten. Im Sonderfall von identischen Mustern ist das Resultat 0.

$$D(X, Y) > 0; \qquad D(X, X) = 0 \ . \tag{5.1}$$

Demgegenüber muss der Abstand nicht unbedingt symmetrisch sein. Im Allgemeinen kann die Ungleichung

$$D(X, Y) \neq D(Y, X) \tag{5.2}$$

gelten.

In Tabelle 5.1 ist beispielhaft ein Schema zur Erkennung der Zahlwörter Null
bis Neun dargestellt. Jedes Wort ist durch ein Muster vertreten. Zur Erkennung
wird die eingegebene Äußerung mit allen Mustern verglichen und der jeweilige
Abstand D bestimmt.

Tabelle 5.1: Mustervergleich

Wort	Muster	Abstand D
Null	R_1	
Eins	R_2	
Zwei	R_3	
Drei	R_4	
...		
Neun	R_{10}	

Ein mögliches Ergebnis mit willkürlichen Zahlenwerten ist in Tabelle 5.2 eingetragen. In diesem Beispiel findet man bei der Referenz des Wortes Zwei den
minimalen Abstand. Die Referenz von Drei liefert aufgrund der großen phonetischen Ähnlichkeit der beiden Wörter ebenfalls einen recht geringen Abstand.
Andere Referenzen ergeben deutlich größere Werte.

In diesem Fall würde das System auf das Wort Zwei entscheiden und im
weiteren davon ausgehen, dass tatsächlich dieses Wort gesprochen wurde. Eine
verfeinerte Auswertung könnte den Abstand zum zweitbesten Muster in die Entscheidung einbeziehen. Ist der Abstand zu klein, so gilt die Erkennung als zu
unsicher. Das System könnte durch eine Rückfrage versuchen, die Unsicherheit
zu klären (*Sagten Sie Zwei?*).

Häufig ist ein einziges Muster nicht ausreichend, um ein Wort zu beschreiben.
Das Schema lässt sich leicht auf mehrere Muster pro Wort erweitern. Dazu werden einfach mehrere Muster pro Wort abgelegt. Zur Erkennung wird dann die
unbekannte Äußerung mit allen Mustern verglichen. Für ein Wort fallen damit
mehrere Abstände an. Aus diesen Werten wird ein Gesamtabstand gebildet. Auf
einfache Art und Weise kann dies durch Bildung des Mittelwertes geschehen. Al-

Tabelle 5.2: Mustervergleich mit einer unbekannten Äußerung

Wort	Muster	Abstand D
Null	R_1	2,347
Eins	R_2	5,228
Zwei	R_3	1,234
Drei	R_4	1,436
...		
Neun	R_{10}	3,954

Tabelle 5.3: Mustervergleich bei mehreren Referenzen und Mittelwertbildung der Abstände

Wort	Muster	Abstand D	D_m
Null	R_1	2,347	
	R_2	2,764	2,556
Eins	R_3	5,228	
	R_4	4,989	5,109
Zwei	R_5	1,234	
	R_6	0,976	1,105
...			
Neun	R_{19}	3,954	
	R_{20}	7,345	5,650

ternativ kann man beispielsweise nur die jeweils besten Werte berücksichtigen. Die Erweiterung des Beispiels aus Tabelle 5.2 auf ein Schema mit zwei Mustern pro Wort zeigt Tabelle 5.3. Insgesamt umfasst das System nunmehr 20 Muster. Der Gesamtabstand D_m für jedes Wort wird als Mittelwert berechnet.

5.2 Dynamische Zeitverzerrung

Die bisherigen Betrachtungen bezogen sich auf das Gesamtsystem. Für die Abstandsberechung wurden lediglich einige Grundeigenschaften angegeben. Es stellt sich nun die Frage, wie ein geeigneter Algorithmus zum Vergleich von Sprachäußerungen aussehen kann.

Ein Grundproblem liegt in der Variation der zeitlichen Abläufe. Im Abschnitt 2.3 hatten wir gesehen, dass selbst bei mehreren Wiederholungen des gleichen Wortes von einem Sprecher oder einer Sprecherin merkliche Unterschiede in der Dauer sowohl der gesamten Äußerung als auch der einzelnen Laute zu beobachten sind. Daher ist es nicht möglich, die beiden Äußerungen einfach „übereinander zu legen" und dann die Merkmale nacheinander zu vergleichen. Vielmehr müssen zum sinnvollen Vergleich zueinander passende Bereiche gefunden werden. Da die Unterschiede bereits in den Lautdauern liegen, kann dies nicht durch eine globale Stauchung oder Dehnung erreicht werden. Vielmehr müssen die einzelnen Laute individuell aufeinander angepasst werden. Erforderlich ist eine nichtlineare Zeitverzerrung.

Diesen Sachverhalt illustriert das Beispiel in Bild 5.1. Die beiden Muster – hier zur besseren Darstellbarkeit eindimensional gewählt – haben gleiche Dauer und eine sehr ähnliche Struktur. Lediglich der zeitliche Anteil der einzelnen Abschnitte unterscheidet sich. Bei Muster Y beginnt der Abfall eine Zeiteinheit früher.

Bildet man direkt die Differenzen von Werten zum gleichen Zeitpunkt, so re-

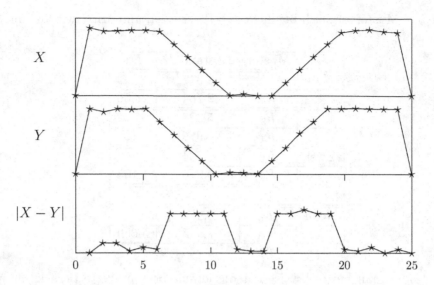

Abbildung 5.1: Vergleich zweier Muster X und Y sowie die punktweise berechnete Differenz $\mid X - Y \mid$

sultieren in den Übergangsbereichen relativ große Werte. Diese Abstände beruhen aber nicht auf prinzipiellen Unterschieden in den Mustern, sondern im Wesentlichen auf dem zeitlichen Versatz. Betrachtet man die Summe über alle diese Differenzen gemäß

$$D(X,Y) = \sum_{t=1}^{T} \mid X(t) - Y(t) \mid \tag{5.3}$$

als Maß für den Abstand $D(X,Y)$ zwischen X und Y, so berechnet man einen zu pessimistischen Wert. Um eine aussagekräftigere Größe zu erhalten, gilt es, derartige zeitliche Variationen in der Bestimmung des Abstandswertes zu berücksichtigen.

Für eine flexiblere Bewertung ist es notwendig, einen gewissen Spielraum bei dem Vergleich der einzelnen Werte einzuräumen. Ein Abschnitt kann gedehnt werden, indem die zugehörigen Werte mehrfach verwendet werden. In dem Beispiel könnte im ersten Plateau ein Wert aus Y zweimal eingesetzt werden, um die Längendifferenz gegenüber Muster X auszugleichen.

Für die Distanzberechnung ist dann eine optimale Zuordnung der zu vergleichenden Werte zu finden. Genauer gesagt besteht die Aufgabe, diejenige Zuordnung zu bestimmen, bei der die Summe über die individuellen Abstände minimal wird. Für die beiden Muster

$$X = x(1), x(2), \ldots, x(T_x) \tag{5.4}$$
$$Y = y(1), y(2), \ldots, y(T_y) \tag{5.5}$$

könnte sich als Beispiel eine Zuordnung in der Art

$$x(1) \quad x(2) \quad x(2) \quad x(3) \quad x(4) \quad \dots$$
$$y(1) \quad y(1) \quad y(2) \quad y(3) \quad y(3) \quad \dots \tag{5.6}$$

als optimal erweisen. Die Zuordnung lässt sich als eine Folge W von Indexpaaren (w_x, w_y) schreiben. In dem Beispiel hat W die Werte

$$W = (1,1), (2,1), (2,2), (3,3), (4,3), \dots \quad . \tag{5.7}$$

Damit kann das Optimierungsproblem als

$$D(X,Y) = \min_{W} \sum_{l=1}^{L} \mid x(w_x(l)) - y(w_y(l)) \mid \tag{5.8}$$

formuliert werden. Die Aufgabe ist es, aus allen möglichen Zuordnungen W die am besten passende zu finden. In Hinblick auf die Anwendung für den Vergleich von Sprachmustern sind jedoch nicht alle Zuordnungen sinnvoll. Einschränkungen ergeben sich aus den folgenden Randbedingungen:

- Monotonie: Die einzelnen Laute folgen in einem festen zeitlichen Ablauf. Dieser Ablauf soll erhalten werden. Daher müssen die Werte nacheinander verwendet werden. Sobald ein Wert x_t eingesetzt wurde, sind nur noch spätere Werte zu verwenden.

- Randwerte: Die Anfangspunkte und Endpunkte der beiden Äußerungen stimmen überein.

- Kontinuität: Jeder Wert soll in die Gesamtdifferenz eingehen.

Während die Monotoniebedingung stets eingehalten wird, können die anderen Anforderungen modifiziert werden. Verschiedene Vorschläge erlauben Abweichungen in den Anfangs- und Endpunkten. Damit wird der Erfahrung, dass die automatische Detektion von Wortanfang und -ende mit einer gewissen Unsicherheit verbunden ist, Rechnung getragen. Außerdem findet man in der Literatur zahlreiche Variationen bezüglich der Kontinuitätsbedingung. Im Folgenden wird ausgehend von den drei Bedingungen die Grundversion des Vergleichverfahrens beschrieben.

5.3 Suche

Die Lösung des Optimierungsproblems (5.8) erscheint recht aufwändig. Berücksichtigt man jedoch die oben beschriebenen Einschränkungen, so lässt sich mit

Methoden der dynamischen Programmierung ein effizienter Algorithmus zur Berechnung des optimalen Pfades und dem zugehörigen Abstand realisieren. Unter der Bezeichnung dynamische Programmierung fasst man eine Klasse von Verfahren zusammen, bei denen das Grundprinzip darin besteht, eine komplexe Aufgabe durch Aufteilung in kleine, leicht lösbare Teilaufgaben zu zerlegen. Wesentlich ist dabei, dass die Teilaufgaben unabhängig voneinander gelöst werden können. Einmal berechnete Teilergebnisse können daher immer wieder verwendet werden [Sed94]. Das spezielle Verfahren zum Mustervergleich trägt den Namen *Dynamische Zeitverzerrung* beziehungsweise *Dynamic Time Warp* (DTW).

Die effiziente Realisierung beruht auf der Verwendung von Teilsummen. Der Vergleich beginnt mit den beiden ersten Werten. Wir bezeichnen die Differenz als erste Teilsumme gemäß

$$D_{1,1} =\mid x(1) - y(1) \mid \quad .$$
(5.9)

Zur Veranschaulichung kann man die Werte der Muster X und Y an den Rändern eines entsprechend großen Rechtecks anordnen. Für jedes Wertepaar (x_n, y_m) ist dabei ein Feld für die Teilsumme vorgesehen. Die Folge der Zuordnungen entspricht dann einem Weg durch dieses Rechteck. Tabelle 5.1 zeigt diese Darstellung. Die erste Teilsumme – in dem Beispiel mit dem Wert 0 – ist in das zugehörige Feld $(1, 1)$ eingetragen.

Tabelle 5.4: Rechteck für Teilsummen mit Anfangswert

...									
8									
10									
10,2									
10,1									
9,9									
10,1									
10,5									
0,1	0,0								
	0,1	10	9,5	10	9,9	10	8	6	...

Danach ergeben sich mehrere Möglichkeiten. Zum einen kann der Wert $x(1)$ nochmals verwendet und mit $y(2)$ verglichen werden

$$\begin{array}{cc} x(1) & x(1) \\ y(1) & y(2) \end{array}$$
(5.10)

und zum anderen kann $y(1)$ erneut benutzt werden:

$$\begin{array}{cc} x(1) & x(2) \\ y(1) & y(1) \end{array}$$
(5.11)

In beiden Fällen berechnet sich der akkumulierte Abstand als Summe aus $D_{1,1}$ und dem aktuellen Abstand. Es gilt

$$D_{1,2} = D_{1,1} + | x(1) - y(2) | \qquad (5.12)$$
$$D_{2,1} = D_{1,1} + | x(2) - y(1) | \ .$$

Etwas komplexer ist die Betrachtung für $D_{2,2}$. Offensichtlich ist eine mögliche Folge

$$\begin{array}{cc} x(1) & x(2) \\ y(1) & y(2) \end{array} \qquad (5.13)$$

um diesen Vergleichspunkt zu erreichen. Aber dies ist nicht die einzige Möglichkeit, um zu dem Punkt $(2, 2)$ zu kommen. Eine Alternative ist der „Umweg" über $(1, 2)$:

$$\begin{array}{ccc} x(1) & x(1) & x(2) \\ y(1) & y(2) & y(2) \end{array} \qquad (5.14)$$

Entsprechendes gilt für den Weg über $(2, 1)$. Diese Wege ergeben sich aus den Bedingungen zur Monotonie und Kontinuität. Wenn die Werte in ihrer Reihenfolge verglichen werden müssen und kein Wert übersprungen werden darf, sind dies die einzigen sinnvollen Möglichkeiten. Für die aufsummierten Abstände erhält man die drei Möglichkeiten

$$\begin{array}{l} D_{1,1} + | x(2) - y(2) | \\ D_{1,2} + | x(2) - y(2) | \\ D_{2,1} + | x(2) - y(2) | \ . \end{array} \qquad (5.15)$$

Als beste Möglichkeit wird diejenige mit dem kleinsten summierten Abstand ausgewählt. Daraus folgt die Vorschrift

$$D_{2,2} = \min(D_{1,1}, D_{1,2}, D_{2,1}) + | x(2) - y(2) | \qquad (5.16)$$

für die Bestimmung von $D_{2,2}$. In Tabelle 5.5 sind die entsprechenden Teilsummen eingetragen. Die Pfeile markieren, von welchem Vorgänger aus ein Feld erreicht wurde.

In diesem ersten Schritt wird aus (5.16) stets der Vorgänger $(1, 1)$ ausgewählt, da die beiden möglichen Alternativen prinzipiell eine größere Teilsumme ergeben. Aber die Gleichung lässt sich unmittelbar verallgemeinern. Eine beliebige Teilsumme $D_{n,m}$ kann gemäß

$$D_{n,m} = \min(D_{n-1,m-1}, D_{n-1,m}, D_{n,m-1}) + | x(n) - y(m) | \qquad (5.17)$$

berechnet werden. Ein Feld in der Matrix kann von einem der drei umliegenden Felder aus wie folgt erreicht werden:

$$\begin{array}{lll} D_{n-1,m} & \rightarrow & \\ & \nearrow \ \uparrow & \\ D_{n-1,m-1} & D_{n,m-1} & \end{array} \qquad (5.18)$$

oder vereinfacht dargestellt:

Tabelle 5.5: Rechteck für Teilsummen nach Vergleich der ersten beiden Werte

...									
8									
10									
10,2									
10,1									
9,9									
10,1									
10,5	↑ 10,4	↗ 0,5							
0,1	0	→ 9,9							
	0,1	10	9,5	10	9,9	10	8	6	...

Tabelle 5.6: Rechteck für Teilsummen nach Vergleich der ersten vier Werte

...									
8									
10									
10,2									
10,1									
9,9	↑ 30,2	↑ 0,7	↗ 1,0	→ 1,1					
10,1	↑ 20,4	↑ 0,6	↗ 1,1	→ 1,2					
10,5	↑ 10,4	↗ 0,5	→ 1,5	→ 2,0					
0,1	0,0	→ 9,9	→ 19,3	→ 29,2					
	0,1	10	9,5	10	9,9	10	8	6	...

Mit der Vorschrift (5.17) können sukzessive alle Teilsummen ermittelt werden. Tabelle 5.6 zeigt die Entwicklung der Teilsummen nach einigen Schritten. Ist man lediglich an den Abstandswerten interessiert, sind die Teilsummen ausreichend. Möchte man darüber hinaus den jeweils optimalen Weg verfolgen, so wird in jedem Fall vermerkt, welcher Vorgänger ausgewählt wurde. In der Tabelle ist dies zur Verdeutlichung mit Pfeilen markiert. Charakteristisch für den Vergleich ähnlicher Muster ist die Konzentration der niedrigen Werte entlang der Diagonale. Bei identischen Mustern wäre die Diagonale der optimale Vergleichsweg.

Auf diese Art und Weise kann das gesamte Feld gefüllt werden. Schließlich erreicht man das Ende der beiden Äußerungen. Für das Beispiel sind die resultierenden Teilsummen in Tabelle 5.7 dargestellt. Wenn man davon ausgeht, dass die beiden Enden zusammengehören, muss der Vergleich „oben rechts" enden.

Tabelle 5.7: Rechteck für Teilsummen am Ende des Vergleichs

0,1		12,7	12,7	12,7	↗ **2,8**
9,8		2,8	2,8	↗ **2,8**	12,3
10		**2,6**	→ **2,6**	2,6	12,5
10,3		2,8	3,0	3,2	13,3
...					
	...	10	10	10	0,1

Die dort stehende Teilsumme ist dann der minimale Abstand aus allen möglichen Wegen. Für zwei Muster der Längen N und M gilt dann

$$D(X,Y) = D_{N,M} \ . \tag{5.19}$$

Im Beispiel ergibt sich ein Wert von $D(X,Y) = 2,8$. Vergleicht man demgegenüber direkt die Werte nach Gleichung (5.3), so resultiert ein sehr viel größerer Wert von 23,0.

Ausgehend von dem Endpunkt kann dann über die Verweise auf den jeweils besten Vorgänger der optimale Pfad rekonstruiert werden. In der Tabelle sind die entsprechenden Werte fett gedruckt. Der Pfad folgt am Ende der Hauptdiagonalen. Allerdings mündet er erst bei den dritt- bzw. viertletzten Werten auf diese Linie.

Die Anwendung des Algorithmus auf Sprachmuster zeigen die Bilder 5.2 und 5.3. Dabei werden jeweils zwei Äußerungen des Wortes *Donau* aus dem Beispielen in Abschnitt 2.3 verglichen. Im ersten Fall stammen beide Äußerungen vom gleichen Sprecher. Im zweiten Fall handelt es sich um zwei verschiedene Sprecher. Gut zu erkennen sind die stärkeren Abweichungen von der Diagonalen für die Äußerungen von verschiedenen Sprechern.

Die Beschränkung auf die drei Übergänge nach (5.17) ist nahe liegend, aber keineswegs die einzige Möglichkeit. Mit entsprechend gewählten Übergangsmöglichkeiten können verschiedene lokale Bedingungen für den optimalen Pfad eingestellt werden. Eine unter den zahlreichen erprobten Varianten ist der folgende Vorschlag von Itakura [Ita76]:

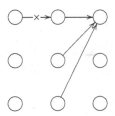

Hierbei sind Doppelschritte in horizontaler Richtung explizit verboten. Weitere Verfeinerungen der lokalen Abstandsberechnung sind über unterschiedliche Gewichte für die verschiedenen Übergänge möglich [SC78].

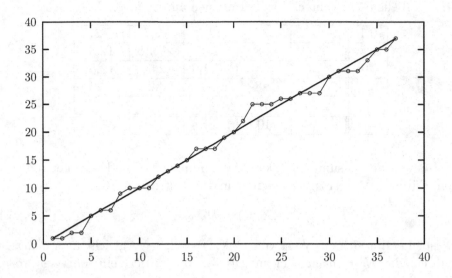

Abbildung 5.2: Optimaler Pfad für den Vergleich zweier Äußerungen des Wortes *Donau* von einem Sprecher

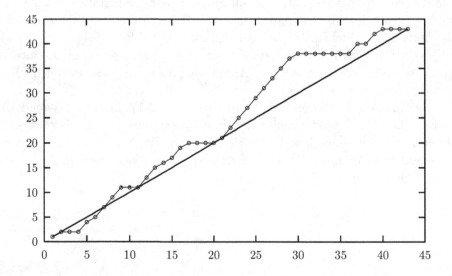

Abbildung 5.3: Optimaler Pfad für den Vergleich zweier Äußerungen des Wortes *Donau* von zwei Sprechern

5.3.1 Aufwand

Die Einführung der Teilsummen ermöglicht eine effiziente Berechnung des Abstands bei optimaler Zuordnung. In einer Teilsumme wird der bis zu diesem Punkt beste Weg berücksichtigt. Alle anderen Wege, die zu diesem Punkt führen, werden als suboptimal nicht weiter verfolgt. Dadurch bleibt auch bei fortschreitender Zeit die Anzahl der noch aktiven Weghypothesen beschränkt. Insgesamt ist damit der Rechenaufwand proportional zur Anzahl der Teilsummen und damit dem Produkt $N \times M$ der beiden Längen. Als weiterer positiver Nebeneffekt brauchen – sofern der Pfad selbst nicht interessiert – die alten Teilsummen nicht gespeichert zu werden. Sobald alle in Frage kommenden nachfolgenden Teilsummen bestimmt sind, werden die alten Teilsummen nicht mehr benötigt. Damit reduziert sich der Speicheraufwand des Verfahrens gegenüber einer Speicherung des kompletten Feldes. Für jede Teilsumme werden folgende Schritte benötigt:

- Berechnung des Minimums aus drei Vorgängern

- Berechnung des lokalen Abstandes

- Addition des Minimums und des lokalen Abstandes

Bei Sprachmustern sind die einzelnen Werte selbst Vektoren von mehreren Merkmalen. Wie in Kapitel 4 diskutiert, besteht ein Muster aus einer Folge solcher Vektoren. Der lokale Abstand d ist dann zwischen diesen Vektoren zu bestimmen.

Mit wachsender Dimension der Merkmalsvektoren nimmt die Abstandsberechnung zunehmend den größten Anteil am Rechenbedarf ein. Daher wird in der Praxis eine aufwandsgünstige Abstandsberechnung benötigt. So wird man die skalierte Version des Euklidschen Abstandes (4.39) nicht direkt implementieren. Vielmehr wird man die Merkmale vorab normieren, so dass die aufwändige Division nur einmal anfällt. Konsequent umgesetzt ist die Minimierung der Abstandsberechnungen in VQ-DTW-Systemen. Dabei werden sowohl Referenz- als auch Testäußerungen einer Vektor-Quantisierung unterzogen. In der Berechnung der lokalen Abstände treten dann nur noch die Repräsentanten auf. Bei N Repräsentanten sind N^2 Paare möglich. Die zugehörigen N^2 Abstandswerte können vorab berechnet und in einer Tabelle abgelegt werden. Der lokale Abstand wird dann einfach durch Nachschlagen in dieser Tabelle gewonnen. Verwendet man ein symmetrisches Abstandsmaß, so kann weiterhin näherungsweise die Hälfte des Speicherplatzes eingespart werden.

Der DTW wurde und wird häufig für einfache Anwendungen wie die sprecherabhängige Erkennung einiger Wörter eingesetzt. In solchen Fällen sind oftmals die Ressourcen an Speicher und Rechenleistung sehr begrenzt. Der Algorithmus wird dann in Hinblick auf eine Minimierung der Rechenschritte optimiert. Ein Ansatzpunkt ist die Einschränkung der möglichen Wege. Starke Abweichungen von der idealen Diagonale sind ein Zeichen für signifikante Unterschiede zwischen

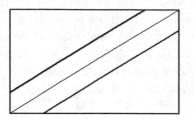 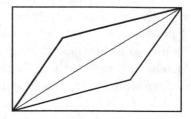

Abbildung 5.4: Beschränkungen für den Suchpfad

den Mustern. In einem solchen Fall ist der genaue Wert des Abstandes nicht mehr von Bedeutung. Man kann daher Bereiche außerhalb eines plausiblen Korridors von der Suche ausschließen. Bei ähnlichen Mustern werden diese Bereiche ohnehin nicht benötigt, und bei unähnlichen Mustern könnten sie nur dazu führen, dass der dann große Abstand etwas weniger groß wird. Verbreitet ist die Beschränkung auf einen Streifen parallel zur Diagonalen oder ein zwischen die Anfangs- und Endpunkte gelegtes Parallelogramm. Bild 5.4 zeigt die Begrenzungslinien für diese beiden Fälle.

Im Laufe der Zeit wurden viele Varianten und Ergänzungen des beschriebenen Algorithmus entwickelt und erprobt. Gute Erfolge konnten durch die Kombination mit einer vorgeschalteten Normierung auf eine einheitliche Länge erzielt werden. Dazu wurde sowohl eine lineare Interpolation [MRR80] als auch eine Ortskurven-Segmentierung [KT83] erfolgreich eingesetzt. Eine feste Länge vereinfacht sowohl das Suchverfahren als auch die Verwaltung des Speichers für die Referenzen.

Eventuelle Fehler in der Wortgrenzenbestimmung können durch eine freiere Auswahl der Anfangs– und Endpunkte im Suchgitter aufgefangen werden. In [WR85] wird ein Verfahren zur Auswahl der Referenzen für sprecherunabhängige Erkennung beschrieben, mit dem gute Resultate bei der Erkennung von Ziffern erzielt werden konnten. Weiterhin lässt sich der Algorithmus auf die Erkennung von Wortfolgen erweitern.

5.4 Bewertung

Die Stärke des DTW-Ansatzes liegt in der Einfachheit. Um ein Wort in das Vokabular aufzunehmen, werden lediglich einige Referenzäußerungen benötigt. Der DTW-Algorithmus ist relativ unaufwändig und lässt sich gut auf gängigen Prozessoren implementieren. Daher wird das Verfahren im lowcost-Bereich eingesetzt. Beispiele sind die Wahl per Spracheingabe bei einem Handy oder generell die Steuerung von Geräten mit wenigen Befehlen.

Die Grenzen des Einsatzgebietes liegen bei größer werdenden Wortschätzen oder der Forderung nach Sprecherunabhängigkeit. Zwar kann das Verfahren wie bereits erwähnt auch in solchen Fällen eingesetzt werden, aber die im Folgenden beschriebenen stochastischen Ansätze ermöglichen Systeme mit besserer Erkennungsqualität.

5.5 Übungen

Übung 5.1 *DTW-Abstand*
Berechnen Sie für die zwei gegebenen Muster den optimalen Abstand mittels DTW. Folgende Übergänge sind erlaubt:

$$D_{n-1,m} \quad \rightarrow$$
$$\nearrow \quad \uparrow$$
$$D_{n-1,m-1} \qquad D_{n,m-1}$$

Verwenden Sie das unten stehende Feld. Als Abstand zwischen zwei Werten x und y gilt der Betrag der Differenz $|x-y|$. Die mit X markierten Zellen brauchen nicht ausgefüllt zu werden. Der optimale Abstand ist dann der Wert „rechts oben".

1	X	X	X				
2	X	X					
11	X						
11							
7							X
3						X	X
1	0				X	X	X
	1	5	10	11	10	10	1

Übung 5.2 *Auf der Homepage finden Sie unter Tools die beiden Programme* `fbdtw` *und* `fbview`.

- *Laden Sie die beiden Dateien auf Ihren Rechner. Korrigieren Sie gegebenenfalls die Dateiendung wieder auf* `.jar`.

- *Starten Sie das Programm* `fbdtw` *durch Doppelklick. Trainieren Sie die Wörter*

  - *BWL*

  - *Mathematik*

– *Mediengestaltung*

– *Physik*

– *Informatik*

– *Eins*

– *Zwei*

– *Drei*

Testen Sie, wie gut diese Wörter wiedererkannt werden. Wie gut funktioniert das System mit „fremden" Referenzen?

- *Mit* fbview *können Sie die Aufnahmen anschauen bzw. anhören. Einfach das Programm starten und im Menüpunkt* File – Open *die gewünschten Audio-Dateien laden. Vergleichen Sie damit mehrere Äußerungen eines Wortes. Überprüfen Sie, ob die Referenzen richtig aufgenommen worden sind und nicht etwa Anfang oder Ende abgeschnitten wurde oder viel zu viel Pause enthalten ist. Falls erforderlich, können mit dem Programm Teile des Signals abgeschnitten werden. Allerdings müssen danach noch in* fbdtw *mit dem Menüpunkt* Vocab – Rebuild *die Referenzen aktualisiert werden.*

Kapitel 6

Hidden-Markov-Modelle

6.1 Einleitung

Die mit Abstand am häufigsten eingesetzte Technik zur Spracherkennung beruht
auf einer statistischen Beschreibung mittels so genannter Hidden-Markov-Modelle
(HMM). Im Konzept der Hidden-Markov-Modelle werden zwei verschiedene Zu-
fallsmechanismen kombiniert: die zeitliche Abfolge von Zuständen einer Markov-
Kette und das Auftreten von Ausgangssymbolen gemäß einer zustandsabhängi-
gen Wahrscheinlichkeitsverteilung. Das Modell passt gut zu der Vorstellung von
Sprachsignalen als Abfolge einzelner akustischen Ereignisse.

Etwa ab Mitte der 70er Jahre wurde dieser Ansatz zunehmend für die automatische Spracherkennung eingesetzt [Vin71] [Bak75]. Er erwies sich als lei-
stungsfähiger als die zu dieser Zeit dominierende DTW-Technologie. Insbesondere
erlaubte der neue Ansatz den Übergang zu großen Wortschätzen und kontinuierlicher Sprechweise. Die Anwendung des Modellansatzes ist nicht auf Sprachsignale beschränkt. Vielmehr können auch andere Signale mit einer ausgeprägten
Zeitstruktur damit beschrieben werden. In [Dan01] beispielsweise werden HMMs
erfolgreich zur akustischen Güteprüfung von Elektrogetriebemotoren verwendet.
Fink beschreibt in [Fin03] Systeme auf der Basis von HMM zur Schrifterken-
nung und zur Analyse biologischer Systeme. In [Cap01] sind Referenzen zu einer
Vielzahl von weiteren Anwendungen zusammengestellt.

6.2 Ein anschauliches Beispiel

Der grundlegende Mechanismus lässt sich gut an einem einfachen Modell darstellen. Dazu benötigt werden Spielkarten und ein Würfel. Aus den Spielkarten
werden zunächst Stapel gebildet. Eine Anordnung von vier Stapeln $s1$ bis $s4$ mit
je 10 Karten zeigt Bild 6.1. Der Einfachheit halber werden nur die Farbwerte
berücksichtigt.

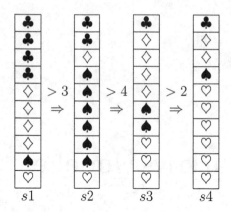

Abbildung 6.1: Modell mit vier Kartenstapeln

Mit diesem Modell können zufällige Folgen von Karten erzeugt werden. Der Ablauf ist wie folgt:

1. Man beginnt mit Stapel $s1$.

2. Dann wird zufällig eine Karte aus dem aktuellen Stapel gezogen, die Farbe notiert und die Karte zurückgelegt.

3. Anschließend wird gewürfelt. Liegt das Ergebnis über dem in der Abbildung bei dem Stapel angegeben Wert, wechselt man zum nächsten Stapel. Ansonsten bleibt man bei dem aktuellen Stapel.

4. Jetzt geht man wieder zu Schritt 2.

Eine so generierte Folge hat die Form

Stapel	$s1$	$s1$	$s1$	$s2$	$s2$	$s3$	...
Farbe	♦	♣	♦	♠	♠	♦	
Würfel	2	3	5	2	6	1	

Bei dieser Konstruktion werden nacheinander die vier Stapel durchlaufen. Wie lange man Karten aus einem Stapel zieht, hängt von dem Ergebnis des Würfels ab. Die Wahrscheinlichkeit für einen Wechsel wird durch die vorgegebenen Grenzen festgelegt. Wählt man die Grenze für einen Stapel hoch, so wird es im Mittel länger dauern, bis die erforderliche Punktezahl auftritt und der Wechsel stattfindet. Früher oder später wird der letzte Stapel erreicht. In dem oben dargestellten Modell bleibt man bei diesem Stapel. Möchte man endliche Folgen erzeugen, kann man für diesen letzten Stapel ebenfalls eine Grenze festlegen. Wird diese Grenze beim Würfeln überschritten, so endet die Folge.

Bei mehreren Simulationen wird man in Abhängigkeit von den Würfelergebnissen unterschiedliche Stapelwechsel erhalten. Die Resultate werden sowohl in der Gesamtlänge als auch in der Verweildauer bei jedem Stapel variieren. Welche Farbenfolgen dabei auftreten, hängt wiederum von der Verteilung der Karten in den einzelnen Stapeln ab.

6.2.1 Übertragung auf Sprachsignale

Das Modell lässt sich leicht auf Sprachsignale übertragen. Die einzelnen Stapel entsprechen dann den Lauten und die Farben den Merkmalen. Die Abfolge der Stapel modelliert die Abfolge der Laute. Ob dabei ein Laut länger oder kürzer dauern soll, kann durch die Vorgabe für das Würfelexperiment zur Entscheidung über einen Wechsel festgelegt werden. Zu jedem Laut gehört eine statistische Verteilung der einzelnen Merkmalsgrößen. In dem Beispiel spielte die Farbe die Rolle einer Merkmalsgröße. Die Folge von Farbwerten steht für die Folge der Merkmalsvektoren. Bild 6.2 verdeutlicht diesen Zusammenhang.

Zufallsexperiment		Sprachsignale
Kartenstapel	⇔	Laut
Farbwert	⇔	Merkmalsgröße

Abbildung 6.2: Übertragung des anschaulichen Zufallsexperimentes auf Sprachsignale

Mit diesem Modell lassen sich Sprachsignale als Zufallsprozesse beschreiben. Diese Modellierung bildet die Grundlage für die Anwendung in der Spracherkennung. Die einzelnen zu beschreibenden Einheiten – Wörter, Silben, Phoneme, etc. – werden jeweils durch in ihren Parametern angepasste Modelle repräsentiert. Wie wir im Detail sehen werden, kann dann für eine gegebene Zufallsfolge berechnet werden, mit welcher Wahrscheinlichkeit die unterschiedlichen Modelle diese Folge erzeugt haben könnten. Diese Wahrscheinlichkeitswerte bilden wiederum die Basis für die Erkennungsentscheidung.

Die Merkmalsvektoren sind als Ergebnis der Merkmalsextraktion verfügbar. Demgegenüber sind die Laute und insbesondere die genauen Wechsel nicht sichtbar. Die Aufgabe der Spracherkennung lässt sich in dem anschaulichen Modell wie folgt beschreiben: Man beobachtet die Farbenfolge, kennt aber nicht die Stapelwechsel. Dieser Umstand führte zum Namen Hidden-Markov-Modelle. Glücklicherweise ist es möglich, auch ohne explizite Kenntnis der zugrunde liegenden Stapelwechsel die benötigten Wahrscheinlichkeitswerte zu berechnen.

Entscheidend für den praktischen Einsatz dieses Modells sind die beiden folgenden grundlegenden Fragestellungen:

- Training: Wie werden die Modelle für einzelne Wörter, Laute, o.ä. erstellt?

- Erkennung: Wie kann für eine beobachtet Folge das am besten passende Modell bestimmt werden?

Die Antworten auf diese beiden Fragen sind Gegenstand dieses und des nächsten Kapitels. Zunächst folgt eine ausführliche Darstellung der Grundlagen von Parameterschätzung und Klassifikation. Der Einsatz von HMMs für die Spracherkennung ist Thema des nächsten Kapitels.

6.3 Mathematische Grundlagen

6.3.1 Wahrscheinlichkeiten

Die Modellierung mit Hidden-Markov-Modellen verwendet die Konzepte aus der Wahrscheinlichkeitslehre. In diesem Abschnitt werden die benötigten Grundlagen kurz zusammengestellt. Ausgangspunkt ist die Wahrscheinlichkeit für das Auftreten eines Ereignisses A. Dafür schreibt man $P(A)$. Die Werte von $P(A)$ erfüllen die Bedingungen.

$$0 \leq P(A) \leq 1$$
$$\text{mit}$$
$$P(A) = 0 \quad \text{unmögliches Ereignis}$$
$$P(A) = 1 \quad \text{sicheres Ereignis} \ . \tag{6.1}$$

Als Beispiel beträgt bei einem idealen Würfel die Wahrscheinlichkeit eine Eins zu werfen $P(1) = 1/6$. Verfolgt man eine große Anzahl von Würfen, dann wird im Mittel ein Sechstel aller Fälle die Eins ergeben. Mit der gleichen Wahrscheinlichkeit kann eine der fünf anderen Zahlen auftreten. Die gewürfelte Augenzahl ist in diesem Beispiel das elementare oder atomare Ereignis. Im Allgemeinen haben die atomaren Ereignisse unterschiedliche Wahrscheinlichkeit. Interpretiert man beispielsweise das Resultat einer Klausur als Zufallsexperiment, so werden die einzelnen Noten in aller Regel mit unterschiedlicher Wahrscheinlichkeit vorkommen.

Betrachtet man übergeordnete Ereignisse wie etwa *ungerade Augenzahl*, so muss man untersuchen, welche atomaren Ergebnisse dazu führen. Die Wahrscheinlichkeit ergibt sich dann als Summe über die Einzelwahrscheinlichkeiten. Für das Beispiel des Würfels gilt

$$P(ungerade) = P(1) + P(3) + P(5) = 1/6 + 1/6 + 1/6 = 1/2 \ . \tag{6.2}$$

Das Bestehen einer Klausur ist mit

$$P(bestanden) = P(1) + P(2) + P(3) + P(4) \tag{6.3}$$

beschrieben. In diesem Fall lässt der Wert der Summe sich nicht allgemein angeben. Das Konzept lässt sich auf mehrere Ereignisse erweitern. Mit $P(A, B)$

bezeichnet man die Wahrscheinlichkeit für das Auftreten zweier Ereignisse A und B. Wichtig ist in diesem Fall die Abhängigkeit zwischen den beiden Ereignissen. Falls A und B völlig unabhängig voneinander sind, lässt sich die gemeinsame Wahrscheinlichkeit (Verbundwahrscheinlichkeit) als Produkt der Einzelwahrscheinlichkeiten berechnen:

$$P(A, B) = P(A) \cdot P(B) \quad \text{unabhängige Ereignisse} \ . \tag{6.4}$$

Weiterhin ist $P(A|B)$ die Wahrscheinlichkeit für Ereignis A unter der Voraussetzung, dass Ereignis B vorliegt. Die Wahrscheinlichkeit $P(A)$ wird auch als a-priori-Wahrscheinlichkeit und $P(A|B)$ als a-posteriori-Wahrscheinlichkeit bezeichnet, da $P(A)$ das Eintreten von A vor Kenntnis des Ereignisses B und $P(A|B)$ das Eintreten dieses Ereignisses nach Kenntnis von B bewertet. Zwischen Verbundwahrscheinlichkeit und bedingter Wahrscheinlichkeit gilt der Zusammenhang

$$P(A, B) = P(B|A) \cdot P(A) \ . \tag{6.5}$$

In gleicher Weise gilt

$$P(A, B) = P(A|B) \cdot P(B) \ . \tag{6.6}$$

Durch Gleichsetzen folgt

$$P(B|A) \cdot P(A) = P(A|B) \cdot P(B) \tag{6.7}$$

und Auflösen nach $P(A|B)$ liefert die Bayes[1]-Regel

$$P(A|B) = \frac{P(B|A) \cdot P(A)}{P(B)} \ . \tag{6.8}$$

6.3.2 Grundstruktur von HMM

Eine Markov-Kette besteht aus N Zuständen $q_1, \ldots, q_N$. Zu jedem Zeitpunkt t befindet sich das System in einem dieser Zustände $Q_t = q_i, q_i \in \{q_1, \ldots, q_N\}$. Zum nächsten Zeitpunkt $t + 1$ findet ein Übergang zu dem Zustand $Q_{t+1} = q_j$ statt. Die Wahrscheinlichkeit für einen bestimmten Übergang hängt lediglich von dem vorhergehenden Zustand Q_t ab und ist unabhängig von früheren Zuständen $Q_{t-1}, Q_{t-2}, \ldots$ oder dem Zeitpunkt t. Diese Eigenschaft charakterisiert eine Markov-Kette erster Ordnung, benannt nach dem russischen Mathematiker A. A. Markov (1856-1922). Bereits 1913 verwendete er dieses Modell, um an einem Korpus von 20 000 Buchstaben aus dem Buch *Eugen Onegin* von Puschkin die statistischen Gesetzmäßigkeiten für die Abfolge von Vokalen und Konsonanten zu ermitteln.

---

[1]Thomas Bayes, englischer Mathematiker, ca 1702-1761

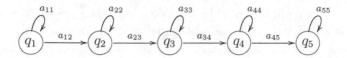

Abbildung 6.3: Markov-Kette mit strikter Links-Rechts Struktur

Anschaulich gesprochen ist eine Markov-Kette gedächtnisfrei. Die Vorgeschichte spielt für den nächsten Übergang keine Rolle. Das zeitliche Verhalten lässt sich dann durch den Satz von Übergangswahrscheinlichkeiten a_{ij} mit

$$a_{ij} = P(Q_{t+1} = q_j | Q_t = q_i), \quad 1 \leq i,j \leq N \tag{6.9}$$

beschreiben. Diese Werte lassen sich übersichtlich als Matrix

$$\mathbf{A} = \begin{pmatrix} a_{11} & a_{12} & \dots & a_{1N} \\ a_{21} & a_{22} & \dots & a_{2N} \\ \vdots & \vdots & \dots & \vdots \\ a_{N1} & a_{N2} & \dots & a_{NN} \end{pmatrix}$$

darstellen. Für die Markov-Kette wurde in dem obigen Beispiel eine einfache Links-Rechts-Struktur gewählt, bei der die Zustände von links nach rechts durchlaufen werden, wobei ein einmal verlassener Zustand nicht wieder erreicht werden kann. Bild 6.3 zeigt ein Beispiel für diese Struktur mit 5 Zuständen. Diese Topologie spiegelt den seriellen Charakter von Sprachsignalen als Abfolge einzelner Laute wider. Da in diesem einfachen Modell kein Zustand übersprungen werden kann, bezeichnet man diese Topologie auch als strikt links-rechts oder linear. In der Spracherkennung häufig verwendet wird die Bakis-Topologie, bei der zusätzliche Übergänge zum Überspringen des unmittelbar folgenden Zustandes vorhanden sind.

Wenn neben den Übergangswahrscheinlichkeiten die Wahrscheinlichkeit

$$\pi_i = P(Q_1 = q_i)$$

bekannt ist, mit der die Zustandsfolge im Zustand q_i beginnt, kann die Auftrittswahrscheinlichkeit $P(Q)$ einer Zustandsfolge berechnet werden. Ausgehend von der Wahrscheinlichkeit des Anfangszustandes π_{Q_1} wird für jeden Zustandswechsel die bis dahin berechnete Wahrscheinlichkeit mit der entsprechenden Übergangswahrscheinlichkeit multipliziert. So gilt für eine Folge $Q = \{Q_1, \dots, Q_T\}$ der Länge T die Beziehung

$$P(Q) = \pi_{Q_1} \prod_{t=2}^{T} a_{Q_{t-1}Q_t} \ . \tag{6.10}$$

Der zweite Zufallsmechanismus ist die zufällige Ausgabe eines Wertes gemäß der zustandsspezifischen Verteilung. Bezeichnen wir diese Ausgabe als Symbol

y_t. In dem anschaulichen Modell waren die Ausgabesymbole die vier Farben. Für jedem Zustand besteht eine spezielle Auftrittswahrscheinlichkeit für jedes der Symbole. Diese zustandsspezifischen Auftrittswahrscheinlichkeit wird mit $P(y_t|q_i)$ bezeichnet. Bei bekannter Zustandsfolge Q kann die Wahrscheinlichkeit für eine Symbolfolge $Y = \{y_1, \ldots, y_T\}$ als Produkt über alle diese Auftrittswahrscheinlichkeiten berechnet werden:

$$P(Y|Q) = \prod_{t=1}^{T} p(y_t|Q_t) \ . \tag{6.11}$$

Da nach (6.10) die Wahrscheinlichkeit für die Zustandsfolge bestimmt werden kann, lässt sich die Wahrscheinlichkeit für beides zusammen – diese Zustandsfolge mit dieser Symbolfolge – als Produkt

$$P(Y,Q) = P(Y|Q) \cdot P(Q) \tag{6.12}$$

berechnen. Insgesamt erhält man dann die Bestimmungsgleichung

$$
\begin{aligned}
P(Y,Q) &= \prod_{t=1}^{T} p(y_t|Q_t) \cdot \pi_{Q_1} \cdot \prod_{t=2}^{T} a_{Q_{t-1}Q_t} \\
&= \pi_{Q_1} \cdot p(y_1|Q_1) \cdot \prod_{t=2}^{T} \left[a_{Q_{t-1}Q_t} \cdot p(y_t|Q_t) \right] \ .
\end{aligned}
\tag{6.13}
$$

Diese Gleichung setzt allerdings die Kenntnis der Zustandsfolge voraus und kann daher so nicht direkt angewandt werden. Gleichzeitig ist der eigentlich interessierende Wert $P(Y)$, die Wahrscheinlichkeit, mit der für das betrachtete Modell die beobachtete Folge resultiert. Die prinzipielle Lösung des Problems besteht darin, nicht nur eine Zustandsfolge zu betrachten, sondern alle möglichen Zustandsfolgen zu berücksichtigen. Dann liefert nach dem Prinzip der totalen Wahrscheinlichkeit die Summation über alle möglichen Zustandsfolgen Q^n in der Form

$$P(Y) = \sum_{n} P(Y|Q^n) \cdot P(Q^n) \tag{6.14}$$

und

$$\boxed{P(Y) = \sum_{n} \prod_{t=1}^{T} p(y_t|Q_t^n) \cdot \pi_{Q_1^n} \prod_{t=2}^{T} a_{Q_{t-1}^n Q_t^n}} \tag{6.15}$$

den gesuchten Wert. Diese Beziehung bildet die Grundlage für die Verwendung der Hidden-Markov-Modelle zur Spracherkennung. Sie erlaubt es, ohne Kenntnis der Zustandsfolge die Auftrittswahrscheinlichkeit der Symbolfolge zu berechnen. Wie im Weiteren gezeigt wird, ist damit die Voraussetzung sowohl zum Erstellen von Modellen mit angepassten Parametern als auch zur Erkennung unbekannter Äußerungen gegeben. Bild 6.4 veranschaulicht den Zusammenhang zwischen dem

Zufallsexperiment		Sprachsignale		HMM
Kartenstapel	⇔	Laut	⇔	Zustand
Farbwert	⇔	Merkmalsgröße	⇔	Symbol

Abbildung 6.4: Zusammenhang zwischen anschaulichem Zufallsexperiment, Sprachsignal und HMM

Beispiel mit Kartenstapeln, der Modellvorstellung von Sprache und der Umsetzung mit Hidden-Markov-Modellen.

Bei der praktischen Anwendung wird die Anzahl der möglichen Zustandsfolgen sehr schnell anwachsen. Daher kann die Summe in dieser Form im Allgemeinen nicht direkt ausgewertet werden. Später werden wir allerdings eine aufwandsgünstige Methode zur Bestimmung der Größe $P(Y)$ kennen lernen.

6.4 Ausgabesymbole

Bisher wurden die Ausgangssymbole aus einem diskreten Vorrat gewählt. In dem Beispiel waren nur vier verschiedene Farben als Symbolwerte möglich. Man spricht dementsprechend von diskreten Hidden-Markov-Modellen. Wie in Kapitel 4.3 gezeigt, kann man das Verfahren der Vektor-Quantisierung benutzen, um für einen Merkmalsvektor den Index des ähnlichsten Vektors aus einem Vorrat von Mustervektoren, dem so genannten Codebuch, zu bestimmen. Die so entstehende Indexfolge wird als Symbolfolge eines diskreten HMMs behandelt. Zu jedem Zustand q_i gehört dann ein Satz von Wahrscheinlichkeiten $P(l|q_i)$ für alle Indices l. Der Einfachheit halber werden diese Symbolwahrscheinlichkeiten mit $b_{li} = P(l|q_i)$ bezeichnet. Mit N Zuständen und M Mustervektoren lassen sich die Werte als $N \times M$-Matrix

$$\mathbf{B} = \begin{pmatrix} b_{11} & b_{12} & \ldots & b_{1M} \\ b_{21} & b_{22} & \ldots & b_{2M} \\ \vdots & \vdots & \ldots & \vdots \\ b_{N1} & b_{N2} & \ldots & b_{NM} \end{pmatrix}$$

schreiben. Das Produkt (6.11) schließlich nimmt im diskreten Fall die einfache Form

$$P(Y|Q) = \prod_{t=1}^{T} b_{l_t Q_t} \tag{6.16}$$

an. In Abschnitt 6.5.3 wird als Alternative die Verwendung kontinuierlicher Werte behandelt.

6.5 Anwendung

Bei gegebener Anzahl von Modellzuständen N ist ein diskretes Hidden-Markov-Modell für ein Wort durch spezielle Werte der Wahrscheinlichkeiten π, a und b festgelegt. Fasst man die Anfangswahrscheinlichkeiten in einen Vektor π und die Übergangswahrscheinlichkeiten sowie die Gewichte – wie beschrieben – in Matrizen $\mathbf{A}$ bzw. $\mathbf{B}$ zusammen, lässt sich ein Modell in der Form $M = (\pi, \mathbf{A}, \mathbf{B})$ schreiben. Die Auftrittswahrscheinlichkeit für eine Folge von Merkmalsvektoren $Y = \{\mathbf{y}_1, \ldots, \mathbf{y}_T\}$ wird dann mit $P(Y|M)$ bezeichnet.

Auf der Basis der Auftrittswahrscheinlichkeit $P(Y|M)$ lassen sich die beiden Grundaufgaben beim Aufbau eines Spracherkennungssystems neu formulieren. Zunächst gilt es, in einer Trainingsphase für jede zu erkennende Einheit – im einfachsten Fall die Wörter eines vorgegebenen Vokabulars – ein passendes Modell M zu bestimmen. Ein im statistischen Sinne konsequenter Ansatz ist, ein Modell zu finden, das für einen Satz von Referenzäußerungen die Wahrscheinlichkeit $\prod_{k=1}^{K} P(Y^k|M)$ für das Auftreten der zu den Trainingsmustern gehörenden Merkmalsvektorfolgen $Y^1, \ldots, Y^K$ maximiert. Die Erkennung beruht auf der Suche nach dem wahrscheinlichsten Modell. Für die beobachtete Folge Y ist demnach das Modell M_k mit

$$k = \arg\max_i P(M_i|Y) \tag{6.17}$$

gesucht. Nach der Bayes-Regel lässt sich dies zu

$$k = \arg\max_i \frac{P(Y|M_i) \cdot P(M_i)}{P(Y)} \tag{6.18}$$

umformen. Der Nenner ist unabhängig vom Modellindex i und spielt damit für die Suche nach dem Maximum keine Rolle. Das Problem reduziert sich damit auf die Berechnung der bereits ausführlich diskutierten Auftrittswahrscheinlichkeit für die Folge bei gegebenen Modellen sowie die Wahrscheinlichkeit für das Modell – beispielsweise ein Wort. Mit dieser Wahrscheinlichkeit kann die allgemeine Häufigkeit der Wörter oder – wie wir in Abschnitt 7.5.2 sehen werden – die Vorgeschichte erfasst werden. Verfügt man über keine solche Informationen, so werden alle Modelle als gleich wahrscheinlich behandelt. In der Erkennungsphase werden in diesem Fall für ein unbekanntes Wort die Wahrscheinlichkeiten der Modelle der in Frage kommenden Wörter berechnet, und dasjenige Wort gilt als erkannt, dessen Modell die größte Wahrscheinlichkeit liefert.

Der Bestimmung von $P(Y|M)$ kommt daher eine zentrale Bedeutung zu. Wie oben bereits beschrieben, kann dabei das Problem der zunächst nicht bekannten Zustandsfolge Q_t gelöst werden, indem man alle möglichen Zustandsfolgen der gegebenen Länge T von Y berücksichtigt.

Die Anzahl der möglichen Zustandsfolgen beträgt N^T und führt mit wachsendem T rasch zu einem astronomischen Anwachsen der Anzahl von Summanden. Der Rechenaufwand lässt sich drastisch reduzieren, wenn die Markov-Eigenschaft

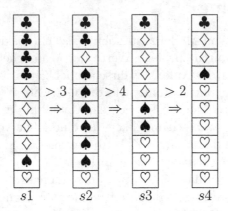

Abbildung 6.5: Modell mit vier Kartenstapeln

der Modelle berücksichtigt wird. Für die Auswertung zu einem Zeitpunkt t genügt es, die Informationen zum unmittelbar vorausgegangenen Zeitpunkt $t - 1$ zu berücksichtigen. Man kann daher alle Zustandsfolgen, die in einem Zustand $Q_{t-1} = q_i$ enden, gemeinsam behandeln. Dadurch müssen zu jedem Zeitpunkt t stets nur $N \times N$ Übergänge zwischen den Vorgängerzuständen und den aktuellen Zuständen betrachtet werden, unabhängig von dem Zeitpunkt t, d. h. der benötigte Rechenaufwand hängt nur noch linear von der Länge T einer Äußerung ab.

Betrachten wir als Beispiel wieder die Kartenstapel von Bild 6.5. Wir wollen dazu die Auftrittswahrscheinlichkeit für die Folge

$$Y = \{\diamondsuit,\ \diamondsuit,\ \clubsuit,\ \spadesuit,\ \diamondsuit,\ \heartsuit,\ \heartsuit\}$$

berechnen. Gesucht ist demnach der Wert von $P(Y|\pi, \mathbf{A}, \mathbf{B})$. Zur besseren Übersicht sind im Folgenden die Modellparameter zusammengestellt:

$$\pi = (1, 0, 0, 0)$$

$$\mathbf{A} = \begin{pmatrix} 1/2 & 1/2 & 0 & 0 \\ 0 & 2/3 & 1/3 & 0 \\ 0 & 0 & 1/3 & 2/3 \\ 0 & 0 & 0 & 1 \end{pmatrix}$$

$$\mathbf{B} = \begin{pmatrix} b_{1\diamondsuit} = 0,4 & b_{1\heartsuit} = 0,1 & b_{1\spadesuit} = 0,1 & b_{1\clubsuit} = 0,4 \\ b_{2\diamondsuit} = 0,1 & b_{2\heartsuit} = 0,1 & b_{2\spadesuit} = 0,6 & b_{2\clubsuit} = 0,2 \\ b_{3\diamondsuit} = 0,4 & b_{3\heartsuit} = 0,3 & b_{3\spadesuit} = 0,2 & b_{3\clubsuit} = 0,1 \\ b_{4\diamondsuit} = 0,2 & b_{4\heartsuit} = 0,6 & b_{4\spadesuit} = 0,1 & b_{4\clubsuit} = 0,1 \end{pmatrix}$$

Tabelle 6.1: Rechteck für Teilwahrscheinlichkeiten mit Anfangswert

q_4	0						
q_3	0						
q_2	0						
q_1	0,4						
	$\diamondsuit$	$\diamondsuit$	$\clubsuit$	$\spadesuit$	$\diamondsuit$	$\heartsuit$	$\heartsuit$

Die Wahrscheinlichkeit für das erste Symbol y_1 im Zustand q_i berechnet sich als $\pi_i \cdot p_i(y_1)$. In dem Beispiel fängt jede Folge im Zustand q_1 an. Damit ist nur der Wert $\pi_1 \cdot b_{1\diamondsuit} = 1 \cdot 0.4$ ungleich Null. Wir notieren diesen Wert sowie der Vollständigkeit halber den Wert 0 für die anderen Zustände in Tabelle 6.1. Da wir keine Kenntnis über die Zustandsfolge haben, müssen wir danach zwei Fälle unterscheiden:

1. Verweilen im Zustand q_1: Wahrscheinlichkeit $0,4 \cdot a_{11} \cdot b_{1\diamondsuit} = 0,08$

2. Übergang von q_1 zu q_2: Wahrscheinlichkeit $0,4 \cdot a_{12} \cdot b_{2\diamondsuit} = 0,02$

Damit kommt man zur Darstellung in Tabelle 6.2. Mit der dritten Karte können

Tabelle 6.2: Rechteck für Teilwahrscheinlichkeiten nach zwei Karten

q_4	0	0					
q_3	0	0					
q_2	0	0,02					
q_1	0,4	0,08					
	$\diamondsuit$	$\diamondsuit$	$\clubsuit$	$\spadesuit$	$\diamondsuit$	$\heartsuit$	$\heartsuit$

wir einerseits immer noch im ersten Zustand bleiben und anderseits bereits den dritten Zustand erreichen. Auf beides lassen sich die Überlegungen zur zweiten Karte direkt übertragen. Interessant ist der Fall q_2. Dieser Zustand kann entweder von Zustand q_1 oder Zustand q_2 erreicht werden. Beide Möglichkeiten müssen berücksichtigt werden. Dazu werden beide Wahrscheinlichkeiten addiert, und man erhält den Ausdruck

$$P(\diamondsuit, \diamondsuit, \clubsuit, Q_3 = q_2) = (P(\diamondsuit, \diamondsuit, Q_2 = q_1) \cdot a_{12} + P(\diamondsuit, \diamondsuit, Q_2 = q_2) \cdot a_{22}) \cdot b_{2\clubsuit} \quad (6.19)$$

beziehungsweise im konkreten Fall

$$P(\diamondsuit, \diamondsuit, \clubsuit, Q_3 = q_2) = (0,08 \cdot a_{12} + 0,02 \cdot a_{22}) \cdot b_{2\clubsuit} \ . \quad (6.20)$$

Mit den konkreten Zahlenwerten berechnet sich der Wert $0,01067$. Insgesamt ergibt sich nach den ersten drei Karten die Tabelle 6.3. Die Vorschrift in (6.19) lässt sich leicht verallgemeinern. Die Teilwahrscheinlichkeit zu einem Zeitpunkt $t + 1$ und einem Zustand q_i berechnet sich aus zwei Beiträgen:

Tabelle 6.3: Rechteck für Teilwahrscheinlichkeiten nach drei Karten

q_4	0	0	0				
q_3	0	0	0,00067				
q_2	0	0,02	0,01067				
q_1	0,4	0,08	0,01600				
	$\diamondsuit$	$\diamondsuit$	$\clubsuit$	$\spadesuit$	$\diamondsuit$	$\heartsuit$	$\heartsuit$

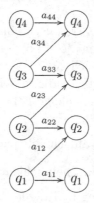

Abbildung 6.6: Mögliche Übergänge in dem Beispielmodell

- der Summe über die Teilwahrscheinlichkeiten für alle Zustände zum vorherigen Zeitpunkt t, jeweils multipliziert mit der Übergangswahrscheinlichkeit

- der Auftrittswahrscheinlichkeit für das Symbol y_{t+1} im Zustand q_i

Damit können aus den Werten für einen Zeitpunkt t die Nachfolger zum nächsten Zeitpunkt $t+1$ bestimmt werden. Hier wirkt sich die Markov-Eigenschaft positiv aus. Da die Markov-Kette gedächtnisfrei ist, können alle bisherigen Wege, die in einem Zustand enden, zusammengefasst werden. Die gesamte Vorgeschichte wird für die weitere Rechnung nicht mehr benötigt. Das Verfahren wird für jeden Zeitpunkt $2 \leq t+1 \leq T$ fortgesetzt. In unserem Beispiel hatten wir nur die von Null verschiedenen Übergangswahrscheinlichkeiten berücksichtigt (Bild 6.6), da nur diese zur Gesamtwahrscheinlichkeit beitragen. Bild 6.7 zeigt am Beispiel eines Zustandes den allgemeinen Fall, bei dem alle Übergänge berücksichtigt werden.

Für eine kompakte Formulierung führen wir für die Teilwahrscheinlichkeiten die so genannten Vorwärtswahrscheinlichkeiten

$$\alpha_t(i) = P(y_1, y_2, \ldots, y_t, Q_t = q_i) \tag{6.21}$$

ein. Dann gilt die Rekursionsformel:

$$\alpha_1(i) = \pi_i \cdot b_i(y_1) \quad 1 \leq i \leq N \tag{6.22}$$

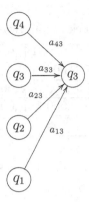

Abbildung 6.7: Mögliche Übergänge im allgemeinen Fall am Beispiel q_3

$$\alpha_{t+1}(j) = b_j(y_{t+1}) \cdot \sum_{i=1}^{N} \alpha_t(i) \cdot a_{ij}, \quad 1 \le t \le T-1 \; . \qquad (6.23)$$

Die Gesamtwahrscheinlichkeit schließlich berechnet sich als Summe über alle Endzustände

$$P(Y|M) = \sum_{i=1}^{N} \alpha_T(i) \; . \qquad (6.24)$$

Neben den oben eingeführten Vorwärtswahrscheinlichkeiten kann man entsprechende Rückwärtswahrscheinlichkeiten

$$\beta_t(i) = P(y_{t+1}, y_{t+2}, \ldots, y_t | Q_t = q_i) \qquad (6.25)$$

definieren, die die Wahrscheinlichkeit ab einem Zeitpunkt bis zum Ende der Folge beinhalten. Die Rückwärtswahrscheinlichkeiten können in entsprechender Weise zur Berechnung von $P(Y, M)$ verwendet werden. Genauso gut kann man die Berechnung als Kombination beider Größen in der Form

$$P(Y|M) = \sum_{i=1}^{N} \sum_{j=1}^{N} \alpha_t(i) b_j(y_{t+1}) \beta_{t+1}(i) \qquad (6.26)$$

schreiben. Im Englischen spricht man daher vom Forward Backward Algorithm. Die Größen $\beta_t(i)$ werden zur Erkennung nicht benötigt, allerdings sind sie zusammen mit den Größen $\alpha_t(i)$ die Grundlage für ein effizientes Trainingsverfahren.

Rechnet man diese Rekursion für die gewählte Beispielsfolge bis zum Ende durch, so resultiert die Tabelle 6.4. Als Gesamtwahrscheinlichkeit ergibt sich dann durch Summation der letzten Spalte der Wert $P(Y|M) = 0,0004608$.

6.5.1 Viterbi-Algorithmus

In den bisherigen Betrachtungen wurden stets alle möglichen Zustandsfolgen für die Auswertung berücksichtigt. Als Alternative kann man die Berechnung auf die

Tabelle 6.4: Rechteck für Teilwahrscheinlichkeiten

q_4	0	0	0	,00004	,00011	,000590	,0004319
q_3	0	0	,00067	,00076	,00131	,000195	,0000246
q_2	0	0,02	,01067	,00907	,00064	,000051	,0000038
q_1	0,4	0,08	,01600	,00080	,00016	,000008	,0000004
	$\diamond$	$\diamond$	$\clubsuit$	$\spadesuit$	$\diamond$	$\heartsuit$	$\heartsuit$

wahrscheinlichste Zustandsfolge Q^o anstelle der Summe über alle möglichen Wege beschränken. Aus der Gleichung (6.14) mit der Summe wird dann gemäß

$$P(Y|Q^o, M) = \max_n P(Y|Q^n, M)P(Q^n|M) \tag{6.27}$$

die Suche nach derjenigen Folge, die den größten Wert unter allen möglichen Zustandsfolgen liefert. Der Suchalgorithmus lässt sich leicht umstellen. Im Wesentlichen werden dazu die bei dem Forward-Backward-Algorithmus auftretenden Summen jeweils durch entsprechende Maximalwerte ersetzt. Die entsprechende Suche nach der optimalen Zustandsfolge Q^o und die gleichzeitige Berechnung von $P(Y|Q^o, M)$ erfolgt effizient mit dem Viterbi-Algorithmus – einem Verfahren der dynamischen Programmierung [Vit67]. Der Viterbi-Algorithmus ist durch die folgende rekursive Rechenvorschrift gegeben. Seien zunächst die Anfangswahrscheinlichkeiten für den ersten Zeitpunkt mit

$$\Phi_1(i) = \pi_i \cdot P(\mathbf{y}_1|q_i), \quad i = 1, \ldots, N \tag{6.28}$$

gegeben. Dann können für alle weiteren Zeitpunkte entsprechende Werte $\Phi_t(i)$ gemäß

$$\Phi_t(i) = \max_{1 \leq j \leq N} \Phi_{t-1}(j) \cdot a_{ji} \cdot P(\mathbf{y}_t|q_i) \quad i = 1, \ldots, N \tag{6.29}$$

berechnet werden, wobei i den Index der einzelnen Zustände bezeichnet. Dabei wird zu jedem Zeitpunkt und in jedem Zustand die jeweils wahrscheinlichste Folge bestimmt, die zu dem betrachteten Zustand führt. Dieser Wert wird mit der Auftrittswahrscheinlichkeit des Symbols multipliziert. Schließlich gilt für die Bestimmung der Wahrscheinlichkeit mit der insgesamt optimalen Folge Q^o

$$P(Y|Q^o, M) = \max_{1 \leq j \leq N} \Phi_T(j) \ . \tag{6.30}$$

Für die häufig eingesetzten Links-Rechts-Modelle wird in der Regel gefordert, dass die Zustandsfolge mit $Q_T = q_N$ im letzten Zustand endet, und (6.30) reduziert sich auf

$$P(Y|Q^o, Q_T = q_N, M) = \Phi_T(N) \ . \tag{6.31}$$

Tabelle 6.5 enthält die sich ergebenden Werte für den Viterbi-Algorithmus bei unserem Standardbeispiel. Die Gesamtwahrscheinlichkeit hat dann den Wert

Tabelle 6.5: Rechteck für Teilwahrscheinlichkeiten im Viterbi-Algorithmus

q_4	0	0	0	0,00004	0,00007	0,000256	0,0001536
q_3	0	0	0,00067	0,00053	0,00064	0,000640	0,0000064
q_2	0	0,02	0,00800	0,00480	0,00032	0,000021	0,0000014
q_1	0,4	0,08	0,01600	0,00080	0,00016	0,000008	0,0000004
	◇	◇	♣	♠	◇	♡	♡

Tabelle 6.6: Verweise auf Vorgänger

q_4				↙	↙	↙	←
q_3			↙	↙	↙	←	←
q_2		↙	↙	↙	←	←	←
q_1	⊗	←	←	←	←	←	←
	◇	◇	♣	♠	◇	♡	♡

$P(Y|Q^o, M) = 0,0001536$. Bei der Anwendung von (6.29) kann der beste Vorgänger zu jedem Zustand abgespeichert werden. Ausgehend von dem besten Endzustand, d. h. dem Zustand mit dem höchsten Wert für Φ_T, kann dann rekursiv der jeweilige Vorgängerzustand und damit die optimale Zustandsfolge Q^o ermittelt werden. In Tabelle 6.6 sind die entsprechenden Rückverweise für die Beispielsfolge eingetragen. Als in diesem Sinne optimale Zustandsfolge findet man damit

$$q_1, \; q_1, \; q_1, \; q_2, \; q_3, \; q_4, \; q_4 \; .$$

Der Viterbi-Algorithmus bietet demnach den Vorteil, eine explizite Segmentierung einer Merkmalsvektorfolge in einzelne, den Modellzuständen zugeordnete Abschnitte bereitzustellen. Diese Segmentierung kann zur Bestimmung von Verweildauern in den Modellzuständen benutzt werden, auf deren Grundlage durch entsprechende Modellerweiterungen eine verbesserte Beschreibung des zeitlichen Ablaufs erreicht werden kann.

Auch in Hinblick auf die praktische Realisierung erweist sich der Viterbi-Algorithmus als vorteilhaft. Beim Rechnen mit Wahrscheinlichkeiten ergeben sich häufig Schwierigkeiten, wenn durch fortgesetzte Multiplikation vieler Faktoren die Gesamtwahrscheinlichkeit sehr kleine Werte annimmt. Früher oder später wird dann die Grenze des Darstellbarkeitsbereichs der Zahlen auf einem Computer unterschritten. Dieses Problem kann durch Rechnen mit logarithmierten Werten vermieden werden. Dadurch gehen die Produkte in Summen über. Für die Wahrscheinlichkeit $P(Y, Q)$ ergibt sich

$$\log P(Y, Q) = \log \pi_{Q_1} + \log p(y_1|Q_1) + \sum_{t=2}^{T} \left[\log a_{Q_{t-1}Q_t} + \log p(y_t|Q_t)\right] \quad . \quad (6.32)$$

Die zunächst aufwändig erscheinende Berechnung der Logarithmus-Funktion kann in vielen Fällen vermieden werden. Beispielsweise können bei diskreten HMM die Übergangs- und Symbolwahrscheinlichkeiten bereits in logarithmierter Form abgelegt werden, so dass bei der Berechnung selbst kein Mehraufwand entsteht.

Im Viterbi-Algorithmus ist die Umstellung auf die logarithmierten Werte einfach. In (6.29) wird dazu lediglich das Produkt durch die Summe über die logarithmierten Werte ersetzt. Die Bestimmung des Maximums bleibt unverändert. Demgegenüber erfordert der Forward-Backward-Algorithmus aufgrund der Summationen der Wahrscheinlichkeitswerte aufwändigere Skalierungstechniken, um Bereichsunterschreitungen zu vermeiden [RLS83] [Lee88]. Eine entsprechende Methode wird in Abschnitt A.2 beschrieben.

6.5.2   Modelltraining

Ein Modell M wird aus einer vorgegebenen Anzahl von K Mustern eines Wortes durch die Optimierung der Wahrscheinlichkeit $\prod_{k=1}^{K} P(Y^k|M)$ für das Auftreten der zu den Trainingsmustern gehörenden Merkmalsvektorfolgen $Y^1, \ldots, Y^K$ erstellt. Als geeignet zur Lösung dieser Optimierungsaufgabe mit einer sehr großen Anzahl von Freiheitsgraden haben sich iterative Verfahren erwiesen. Dabei wird ausgehend von einem Startmodell M in jedem Schritt des Trainingsverfahrens anhand der Referenzmuster ein neuer Satz von Modellparametern M' bestimmt, für den gemäß

$$\prod_{k=1}^{K} P(Y^k|M') \geq \prod_{k=1}^{K} P(Y^k|M) \tag{6.33}$$

die Auftrittswahrscheinlichkeit erhöht wird. Das Verfahren wird wiederholt, bis die Zunahme unter eine vorgegebene Schwelle fällt oder eine Maximalzahl von Iterationsschritten erreicht ist.

Ein entsprechender Algorithmus ist der Baum-Welch-Algorithmus (BWA) [Bau72] [BPSW70]. Dabei werden die Erwartungswerte entsprechend durch eine gewichtete Summe gebildet. Der Beitrag jeder einzelnen Folge ist dabei durch ihre Auftrittswahrscheinlichkeit bestimmt. Beispielhaft gilt für die neuen Übergangswahrscheinlichkeiten die Gleichung

$$a'_{ij} = \frac{\sum\limits_{t=1}^{T-1} \alpha_t(i) \cdot a_{ij} \cdot b_j(y_{t+1}) \cdot \beta_{t+1}(j)}{\sum\limits_{t=1}^{T} \alpha_t(i) \cdot \beta_t(j)} \ . \tag{6.34}$$

Eine effiziente Realisierung dieses Optimierungsverfahrens basiert, wie bereits oben erwähnt, auf den Vorwärts- und Rückwärtswahrscheinlichkeiten. Die Herleitung des Baum-Welch-Algorithmus und die Bestimmungsgleichungen für die weiteren Parameter sind in Anhang A wiedergegeben.

Die Optimierung der Auftrittswahrscheinlichkeit der Referenzmuster durch Variation der Modellparameter ist eine Standardaufgabe der Statistik. Allgemein formuliert, besteht die Aufgabe darin, für einen Parameter θ die Gesamtwahrscheinlichkeit für K Werte einer Stichprobe

$$p(y^1, \ldots, y^K | \theta)$$

zu maximieren. Anders formuliert, gilt es für die Likelihood-Funktion

$$L(\theta) = p(y^1, \ldots, y^K | \theta) \ , \qquad (6.35)$$

ein Maximum über θ zu finden. Dementsprechend spricht man von Maximum-Likelihood-Schätzung (ML-Schätzung, Maximum Likelihood Estimatior, MLE). In einem Maximum wird die partielle Ableitung nach θ Null. Der optimale Wert kann demnach durch Lösen der Gleichung

$$\frac{\partial L(\theta)}{\partial \theta} = 0 \qquad (6.36)$$

bestimmt werden. Im Einzelfall ist dann noch – beispielsweise durch Untersuchung der zweiten Ableitung – festzustellen, ob es sich tatsächlich um ein Maximum und nicht etwa ein Minimum oder einen Sattelpunkt handelt. Häufig betrachtet man in der Optimierungsaufgabe die logarithmierte Funktion $\ln L(\theta)$, die aufgrund der Monotonie-Eigenschaften der Logarithmusfunktion die Maxima an den gleichen Stellen hat.

Im Training mit Baum-Welch-Algorithmus gehen alle möglichen Zustandsfolgen in die Optimierung ein. Es ist aber auch möglich, die Optimierung auf die mittels des Viterbi-Algorithmus bestimmte, jeweilige optimale Zustandsfolge zu beschränken. In diesem Fall ergibt sich ein besonders anschauliches Verfahren. Mit den Anfangsmodellen werden zunächst die optimalen Zustandsfolgen für alle Referenzen berechnet. Dann lassen sich die verbesserten Modellparameter als Erwartungswerte gemäß der Zuordnung zu den einzelnen Modellzuständen aus den Referenzen bestimmen. Beispielsweise berechnet sich der neue Wert für eine Übergangswahrscheinlichkeit a_{ij} als das Verhältnis der Anzahl der beobachteten Übergänge von q_i nach q_j zur Gesamtzahl der Übergänge aus q_i heraus.

Zur Veranschaulichung führen wir eine Optimierung an unserer Beispielsfolge durch. Der Viterbi-Algorithmus liefert folgende Zuordnung:

$$\begin{array}{ccccccc} \diamondsuit & \diamondsuit & \clubsuit & \spadesuit & \diamondsuit & \heartsuit & \heartsuit \\ q_1 & q_1 & q_1 & q_2 & q_3 & q_4 & q_4 \end{array} \qquad (6.37)$$

In der Zustandsfolge sind von q_1 aus zwei Übergänge auf q_1 zurück und einer auf q_2 enthalten. Demnach sind die Schätzwerte für die Übergangswahrscheinlichkeiten $a'_{11} = 2/3$ und $a'_{12} = 1/3$. Als neue Symbolwahrscheinlichkeiten im ersten Zustand findet man

$$b'_1(\diamondsuit) = 2/3 \quad b'_1(\heartsuit) = 0 \quad b'_1(\spadesuit) = 0 \quad b'_1(\clubsuit) = 1/3 \ .$$

Nach dem gleichen Verfahren werden alle anderen Parameter neu geschätzt. Selbstverständlich sind diese neuen Werte auf der Basis nur einer einzigen Folge wenig repräsentativ. In der Praxis wird man bestrebt sein, möglichst viele Folgen zu verwenden. Das Prinzip bleibt aber das gleiche. Die vorhandenen Modelle werden benutzt, um die Folgen zu segmentieren. Aus den in den einzelnen Segmenten gezählten Ereignissen werden die Wahrscheinlichkeiten berechnet. Diese Werte werden dann als neue Modellparameter verwendet.

Das Training mit dem Viterbi-Algorithmus ist einfacher zu implementieren und benötigt weniger Rechenzeit als der Baum-Welch-Algorithmus. Demgegenüber bietet der Baum-Welch-Algorithmus den Vorteil, dass mehr Information aus dem Trainingsmaterial verwendet wird. Bewährt hat sich eine Kombination beider Verfahren. Dazu werden zunächst mit einigen Iterationen des Viterbi-Trainings Modelle erstellt. Diese Modelle dienen als Startpunkt des Baum-Welch-Trainings, das dann schnell konvergiert.

Die Optimierung erstreckt sich auf die Anfangs- und Übergangswahrscheinlichkeiten der Markov-Kette und – je nach Modelltyp – auch auf die diskreten Symbolwahrscheinlichkeiten oder die Dichteparameter und die zustandsspezifischen Gewichte. Andere Parameter wie die Anzahl der Zustände oder die Anzahl der Dichtefunktionen lassen sich nur schlecht durch ein automatisches Optimierungsverfahren erfassen und werden daher vor Beginn des Iterationsverfahrens fest eingestellt. Zusammengefasst sind die einzelnen Schritte:

1. Festlegung der Konfiguration und Setzen der Anfangswerte der Parameter

2. Bestimmung der optimalen Zustandsfolgen

3. Auswertung der Statistik der Parameter in den einzelnen Zuständen

4. Berechnung der neuen Modellparameter

5. Falls erforderlich, neue Iteration mit Schritt 2 beginnen

Einige Eigenschaften des Trainingsverfahrens sind:

- Durch die Übergangswahrscheinlichkeiten a_{ij} wird die Struktur des Modells festgelegt. Wird ein a_{ij} auf Null gesetzt, so bleibt dieser Wert während des Trainings bestehen.

- Die Modelle konvergieren während des Trainings gegen ein Optimum. Im Allgemeinen handelt es sich um ein lokales Optimum und nicht um das globale Optimum.

- Die Anfangswerte bestimmen, welches lokale Optimum erreicht wird. Eine gute Wahl der Anfangswerte ist wichtig, um ein gutes Optimum zu erreichen.

- Die einzelnen Parameter werden getrennt voneinander behandelt. Es ist möglich, nur ausgewählte Parameter durch das Training zu optimieren.

Infolge des weitgehend automatischen Prozesses zur Optimierung ist keineswegs gewährleistet, dass das entstehende Modell exakt der phonetischen Struktur der zu beschreibenden Einheit entspricht. Die als Idealbild entworfene Zuordnung zwischen beispielsweise einzelnen Lauten und den Modellzuständen kann, muss aber nicht in jedem Fall, zutreffen. Die Optimierung zielt lediglich auf eine Maximierung der Wahrscheinlichkeitswerte. Der Entwickler kann allerdings durch Vorgabe der Modellstruktur sowie eine geeignete Initialisierung der Modellparameter Einfluss nehmen. Welche Möglichkeiten im Einzelnen bestehen, wird in Kapitel 7 in Zusammenhang mit den verschiedenen Ansätze zur Modellierung diskutiert.

6.5.3 Kontinuierliche Symbole

Eine grundsätzliche Alternative zu den bisher behandelten diskreten Ausgabesymbolen ist die Verwendung von kontinuierlichen Größen. In diesem Fall entfällt der Zwischenschritt Vektor-Quantisierung. Die Merkmalsvektoren werden direkt als Ausgangssymbole interpretiert. Anstelle der Wahrscheinlichkeit $P(l|q_i)$ tritt dann eine Verteilungsdichte $p(\mathbf{y}|q_i)$. Am häufigsten werden Gauß-Dichten – oft auch als Normalverteilungsdichte bezeichnet – verwendet. Für Werte y lautet die eindimensionale Dichtefunktion

$$f(y) = \frac{1}{\sigma\sqrt{2\pi}} \cdot \exp\left(-\frac{1}{2\sigma^2} \cdot (y-m)^2\right) \;, \tag{6.38}$$

wobei m den Mittelwert und σ^2 die Varianz bezeichnet. Abbildung 6.8 zeigt beispielhaft den Verlauf einer Gauß-Dichte.

Bei komplizierteren Verteilungen ermöglicht eine einzelne Dichtefunktion nur eine schlechte Approximation. So können beispielsweise Verteilungen mit mehreren Maxima mit nur einer Gauß-Dichte nicht angemessen beschrieben werden. Eine flexiblere Modellierung erhält man durch die Erweiterung auf eine Linearkombination mehrerer Dichten.

$$\begin{aligned}
f(y) &= \sum_{k=1}^{K} c_k \cdot f_k(y) \tag{6.39}\\
&= \frac{1}{\sqrt{2\pi}} \cdot \sum_{k=1}^{K} \frac{c_k}{\sigma_k} \cdot \exp\left(-\frac{1}{2\sigma_k^2} \cdot (y-m_k)^2\right) \;.
\end{aligned}$$

Bei der Summation gehen insgesamt K einzelne Dichten ein, gewichtet mit Faktoren c_k, $k = 1, \ldots, K$. Im Allgemeinen hat jede Komponente einen eigenen Mittelwert m_k und eine eigene Varianz σ_k^2. Die Gewichte müssen die Normierungsbedingung

$$\sum_{k=1}^{K} c_k = 1 \tag{6.40}$$

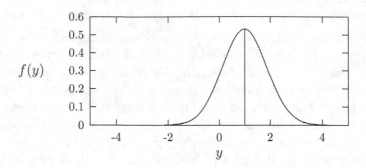

Abbildung 6.8: Gauß-Dichte mit Mittelwert 1 und Varianz 0,75

erfüllen, so dass die Integration über die Funktion (6.39) wiederum den Wert 1 ergibt. Ein Beispiel für eine Dichte, bestehend aus drei Komponenten, zeigt Abbildung 6.9.

Mehrdimensionale Merkmalsvektoren werden durch entsprechende höherdimensionale Dichten beschrieben. Mit dem Mittelwertsvektor $\mathbf{m}$ und der Kovarianzmatrix $\mathbf{M}$ mit den Erwartungswerten $m_{ij} = \mathrm{E}\{y_i \cdot y_j\}$ ist die n-dimensionale Gauß-Dichte in der Form

$$f(\mathbf{y}) = \frac{1}{\sqrt{(2\pi)^n \det \mathbf{M}}} \cdot \exp\left(-1/2 \cdot (\mathbf{y} - \mathbf{m})^T \mathbf{M}^{-1}(\mathbf{y} - \mathbf{m})\right) \qquad (6.41)$$

definiert. Die mehrdimensionale Dichte mit mehreren Komponenten kann dann als

$$f(\mathbf{y}) = \frac{1}{\sqrt{(2\pi)^n}} \cdot \sum_{k=1}^{K} \frac{c_k}{\sqrt{\det \mathbf{M}_k}} \cdot \exp\left(-1/2 \cdot (\mathbf{y} - \mathbf{m}_k)^T \mathbf{M}_k^{-1}(\mathbf{y} - \mathbf{m}_k)\right) \quad (6.42)$$

geschrieben werden. Häufig wird nicht die vollständige Kovarianzmatrix $\mathbf{M}$ verwendet, sondern eine Diagonalmatrix, bei der nur die Diagonalelemente $m_{nn} = \mathrm{E}\{y_n \cdot y_n\}$ besetzt sind. Damit wird einerseits eine deutliche Aufwandsreduktion erreicht. Andererseits vermeidet man die bei der notwendigen Invertierung der Matrix häufig auftretenden numerischen Probleme. Es sei darauf hingewiesen, dass mit der Beschränkung auf Diagonalelemente keineswegs die Annahme von statistischer Unabhängigkeit zwischen den einzelnen Merkmalskomponenten verbunden ist. Dies gilt nur für den Fall einer einzelnen Dichte. Durch die Kombination mehrerer Komponenten gemäß (6.42) werden sehr wohl auch solche Abhängigkeiten erfasst. Als Beispiel für ein HMM mit mehreren Dichtekomponenten pro Zustand ist in Bild 6.10 ein Modell mit vier Zuständen und drei Komponenten dargestellt.

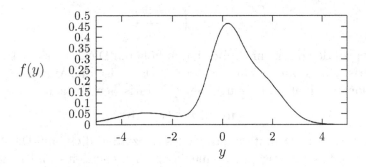

Abbildung 6.9: Dichte aus 3 einzelnen Gauß-Dichten mit den Parametern:

k	c_k	m_k	σ_k
1	0,4	1,5	0,75
2	0,4	0,1	0,4
3	0,2	-3,0	1,5

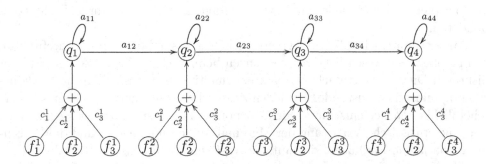

Abbildung 6.10: HMM mit vier Zuständen und drei Dichtekomponenten pro Zustand

Die Verwendung von Gauß-Dichten kann nahezu als Standard angesehen werden. Allerdings ist dies keineswegs die einzige Möglichkeit. So wurden im Erkennungssystem der Firma Philips Laplace-Dichten verwendet [SNA+95]. In diesem Fall lautet die eindimensionale Dichtefunktion

$$f(y) = \frac{1}{2\sigma} \cdot \exp\left(-\frac{|y - \mu|}{\sigma}\right) \ . \tag{6.43}$$

Einen Zugang zu den direkt nicht messbaren höheren Dichten eröffnet die Theorie der sphärisch invarianten Zufallsprozesse. Dabei ist die Annahme, dass alle Dichtefunktionen sich als Funktionen von quadratischen Formen

$$(\mathbf{y} - \mathbf{m})^T \mathbf{M}^{-1} (\mathbf{y} - \mathbf{m}) \tag{6.44}$$

schreiben lassen. Diese Definition enthält als Spezialfall die Gauß-Dichte (6.41). Dann ergeben sich eindeutige Zusammenhänge zwischen ein- und höherdimensionalen Dichtefunktionen, so dass letztere zumindest indirekt geschätzt werden können [BS87]. Entsprechende Messungen ergaben eine verbesserte Approximation der experimentellen Daten durch eine verallgemeinerte Laplace-Dichte. Allerdings brachte dies nur eine unwesentliche Verbesserung der Erkennungssicherheit [Eul89].

Das Konzept der summierten Dichten bietet eine hohe Flexibilität. Die verwendeten Dichtekomponenten können spezifisch für jeden Zustand gewählt werden. Eine Alternative besteht darin, einen gemeinsamen Satz von Dichtefunktionen in allen Zuständen zu verwenden. Diese Art von Modellen wird auch als semi-kontinuierlich [HJ89] [BN90] oder – eigentlich passender – als *Tied Density* beziehungsweise *Tied Mixture* bezeichnet. Ähnlich wie bei diskreten HMM wird jeder Zustand durch einen Satz von Gewichten charakterisiert. Die Symbolwahrscheinlichkeit berechnet sich dann als Summe der Produkte dieser Gewichte mit den Werten der einzelnen Dichtekomponenten. Bild 6.11 illustriert dieses Konzept am Beispiel zweier Modelle mit je vier Zuständen und insgesamt L Dichtekomponenten.

Aus den unterschiedlichen Typen von Eingangssymbolen und Dichtefunktionen ergeben sich wesentliche Konsequenzen beim Einsatz der HMM. Im Fall der diskreten Dichten vereinfacht die Vektor-Quantisierung wesentlich die Modellierung der einzelnen Zustände. Für jeden Zustand wird nur eine Tabelle mit Wahrscheinlichkeiten der einzelnen Indizes benötigt. Dabei sind keinerlei Annahmen über die statistische Verteilung der Merkmalsgrößen notwendig, und die Berechnung von $p(\mathbf{y}_t|q_i)$ reduziert sich auf das Auslesen von b_{li} aus der Tabelle.

Allerdings bedingt die Vektor-Quantisierung durch den Quantisierungsfehler stets einen Verlust an Information. Man kann diesen Effekt abmildern, indem man neben dem besten Codebuchindex auch die Indizes der nächstbesten Einträge einbezieht. Wenn $j_1, j_2, j_3, \ldots$ die Rangliste der Einträge gemäß ihrem Abstand bezeichnet, dann berechnet sich die Wahrscheinlichkeit als gewichtete Summe

$$p(\mathbf{y}_t|q_i) = w_1 \cdot b_{j_1 i} + w_2 \cdot b_{j_2 i} + w_3 \cdot b_{j_3 i} + \ldots \ . \tag{6.45}$$

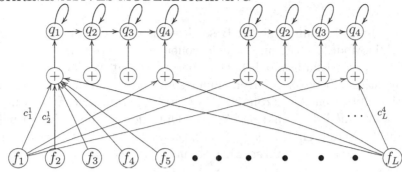

Abbildung 6.11: Zwei HMM mit jeweils vier Zuständen und L gemeinsamen Dichtekomponenten

Die Gewichte können anhand der Trainingsdaten empirisch ermittelt werden. Als Weiterführung dieses Ansatzes kann man die Wahrscheinlichkeit, mit der verschiedene Indizes in ähnlichen Kontexten auftreten, einbeziehen [SNT$^+$85].

Eine zustandsspezifische Dichtefunktion erlaubt andererseits eine sehr genaue statistische Beschreibung der Merkmalsvektoren, die jeweils einem Zustand zugeordnet werden, sofern eine ausreichend große Menge an Referenzdaten vorliegt. Der numerische Aufwand bei der Berechnung der Dichtefunktionen ist wesentlich größer als bei der Vektor-Quantisierung. Der Ansatz der semi-kontinuierlichen Modelle versucht die Vorteile beider Ansätze zu verbinden. Die Dichtefunktionen beschreiben analog zu einem Codebuch den gesamten Raum der Merkmalsvektoren, wobei aber durch die Verwendung von Dichtefunktionen eine sehr viel genauere Erfassung eines Merkmalsvektors gewährleistet ist. Die einzelnen Modellzustände bauen auf dieser gemeinsamen Grundlage auf. Der numerische Aufwand steigt durch die Auswertung des Skalarprodukts zusätzlich an. Allerdings wird nicht für jeden Zustand eine eigene Dichtefunktion benötigt. Vielmehr ist es ausreichend, wenn jedes im Wortschatz auftretende akustische Ereignis angemessen beschrieben wird, so dass sich mit größer werdendem Wortschatz die Anzahl der Dichtefunktionen nur noch wenig erhöht. In dieser Betrachtungsweise kann man die Dichtefunktionen als kleinste Einheiten interpretieren.

6.6 Diskriminatives Modelltraining

Mit dem beschriebenen Maximum-Likelihood Prinzip wird im Trainingsprozess die Auftrittswahrscheinlichkeit der Referenzen maximiert. Dieses Kriterium führt zu einem optimalen Klassifikator, sofern die Modellannahmen hinreichend gut erfüllt sind. Im Hinblick auf die komplexe Natur von Sprachsignalen und der schwer zu erfassenden hochdimensionalenn Merkmalsräume bleibt die Frage, inwieweit die Modellannahmen tatsächlich zutreffen. Es liegt daher nahe, im Trainingsprozess andere Kriterien zu verwenden, die näher an dem eigentlichen Ziel – einer möglichst guten Erkennung – liegen. Besonders aussichtsreich erscheinen Ansätze, bei denen die Modelle nicht unabhängig voneinander optimiert werden sondern vielmehr die Verwechslungsmöglichkeiten berücksichtigt werden.

Die eigentliche Zielgröße Worterkennungsquote ist allerdings nur schlecht geeignet. Einen besseren Ansatzpunkt liefert die Näherung der Erkennungsquote über eine kontinuierliche Funktion. Auf der Optimierung dieser Näherungsfunktion beruht das Verfahren *Minimum Classification Error* (MCE). Nach dem dabei eingesetzten Gradientenverfahren wird es auch als *Generalized Probabilistic Descent method* (GPD) bezeichnet. Dieser Ansatz wurde sowohl für die Erkennung mittels DTW [CCJ91] [CJ92] als auch HMM [CJL92] [JK92] formuliert.

Ausgangspunkt ist die Wahrscheinlichkeit $p_j(X)$ für eine Äußerung X bei gegebenem Wortmodell und dem logarithmierten Wert $r_j(X) = \log p_j(X)$. Angenommen, die Äußerung X entstammt der Klasse j. Dann kann man im einfachsten Fall den Abstand zwischen dem Wert für das korrekte Modell zum besten „falschen" Modell k in der Form

$$\delta(X) = r_j(X) - r_k(X) \tag{6.46}$$

betrachten. Ein positiver Wert von δ entspricht einer korrekten Klassifikation, während bei negativem Wert ein falsches Modell eine höhere Wahrscheinlichkeit liefert und damit eine Fehlklassifikation resultiert. Der Abstand zwischen den beiden Werte ist ein Maß für die Erkennungssicherheit. Eine gebräuchliche, allgemeinere Darstellung, die alle Abstände berücksichtigt, hat die Form

$$\delta(X) = r_j(X) - \log \left(\frac{1}{N-1} \sum_{n, n \neq j} e^{\eta \cdot r_n(X)} \right)^{1/\eta}. \tag{6.47}$$

Aus allen Wahrscheinlichkeiten, mit Ausnahme des Wertes für die korrekte Klasse, wird ein Gesamtwert berechnet. Der Wert η bestimmt dabei, mit welchem Gewicht die einzelnen Werte in den Gesamtwert eingehen. Mit wachsendem η dominieren zunehmend die großen Werte in der Summe. Im Grenzfall $\eta \to \infty$ verbleibt nur der größte Beitrag, und man erhält wieder die Definition (6.46).

Um eine Erkennungsquote zu approximieren, wird dann der Wert von $\delta(X)$ in den Zahlenbereich von Null bis Eins abgebildet. Dazu wird eine Sigmoid-Funktion in der Form

$$\ell(X) = \frac{1}{1 + e^{-\alpha \delta(X)}} \tag{6.48}$$

verwendet, so dass die Werte von $\ell(X)$ im gewünschten Bereich liegen. Ein Wert nahe Eins bedeutet eine sehr sichere Erkennung. Die Konstante α bestimmt die Steigung der Sigmoid-Funktion. Bild 6.12 zeigt als Beispiel den Verlauf für $\alpha = 2$.

Mit dieser Definition wird als Ziel des Trainingsprozesses die Maximierung der approximierten Erkennungsquote $\ell(X)$ gesetzt. In dem Generalized Probabilistic

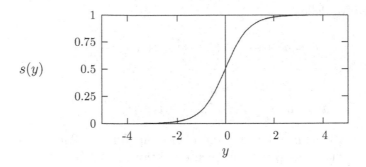

Abbildung 6.12: Sigmoid-Funktion $s(y)$ mit $\alpha = 2$

Descent-Ansatz wird ein Gradientverfahren zur Optimierung verwendet. Sei a_j ein Parameter des Modells M_j. Unter der Voraussetzung, dass $\ell(X)$ differenzierbar nach a_j ist, kann eine verbesserte Schätzung a'_j des Parameters mit

$$a'_j = a_j + \epsilon \cdot \frac{\partial \ell(X)}{\partial a_j} \qquad (6.49)$$

berechnet werden. Die Größe ϵ legt fest, wie weit der nächste Schritt in Richtung des Gradienten ausfallen wird. Mit der Definition (6.48) ergibt sich

$$a'_j = a_j + \epsilon \cdot \alpha \cdot \ell(X) \cdot (1 - \ell(X)) \cdot \frac{\partial \delta(X)}{\partial a_j} \quad . \qquad (6.50)$$

Der Faktor $\ell(X) \cdot (1 - \ell(X))$ bestimmt die Größe der Veränderung. Sowohl bei einer sehr sicheren Erkennung ($\ell(X) \sim 1$) als auch bei einer sehr schlechten Erkennung ($\ell(X) \sim 0$) wird das Produkt sehr klein. Die entsprechende Referenz hat damit nur eine geringe Auswirkung auf das Training. Andererseits liegt der Maximalwert für das Produkt bei $\ell(X) = 0.5$. Dies ist gerade dann der Fall, wenn das korrekte und das beste falsche Modell gleiche Wahrscheinlichkeit liefern. Damit wird das Trainingsverfahren auf die Äußerungen konzentriert, bei denen die Erkennung unsicher ist, aber die Hoffnung besteht, durch Modelloptimierung die Erkennungssicherheit zu erhöhen. Äußerungen die sehr gut oder sehr schlecht erkannt werden, tragen nur wenig bei. Im ersten Fall besteht keine Notwendigkeit für weitere Optimierungen. Im zweiten Fall ist die Chance gering, diese Äußerung überhaupt korrekt zu erkennen. Dies ist plausibel, wenn man davon ausgeht, dass es sich um Ausreißer ohne große statistische Relevanz oder eventuell sogar fehlerhafte Daten handelt.

Betrachtet man nur die Differenz (6.46), so werden dementsprechend die Parameter des korrekten Modells M_j und des besten falschen Modells M_k verändert.

Mit der Annahme, dass r_j nur von a_j (und r_k nur von a_k) abhängt, findet man für die beiden Modelle

$$a'_j = a_j + \epsilon \cdot \alpha \cdot \ell(X) \cdot (1 - \ell(X)) \cdot \frac{\partial r_j(X)}{\partial a_j} \tag{6.51}$$

und

$$a'_k = a_k - \epsilon \cdot \alpha \cdot \ell(X) \cdot (1 - \ell(X)) \cdot \frac{\partial r_k(X)}{\partial a_k} \ . \tag{6.52}$$

Als Beispiel werden im Folgenden die oben eingeführten Tied Density HMMs betrachtet. Die zustandsspezifische Dichtefunktion berechnet sich als gewichtete Summe über alle einzelnen Dichten $f_l(\mathbf{x}_t)$

$$p_j(\mathbf{x}|q_n) = \sum_{l=1}^{L} c_j(l, q_n) \cdot f_l(\mathbf{x}) \ , \tag{6.53}$$

wobei der Satz von Wichtungsfaktoren $c_j(l, q_n)$ den Zustand charakterisiert. Zur Vereinfachung sollen alle erlaubten Übergänge gleich wahrscheinlich sein. Damit ergibt sich ein modellunabhängiger, konstanter Faktor durch die Übergangswahrscheinlichkeiten, der keinen Beitrag zur Unterscheidung liefert und damit nicht berücksichtigt werden muss. Für ein M_j und eine Äußerung X mit T Merkmalsvektoren wird die optimale Zustandsfolge $Q_1, \ldots, Q_T$ mit dem Viterbi-Algorithmus bestimmt. Dann ist der Wert von $r_j(X)$ durch die Summe

$$r_j(X) = \sum_{t=1}^{T} \log p_j(\mathbf{x}_t|Q_t) \tag{6.54}$$

$$= \sum_{t=1}^{T} \log \left(\sum_{l=1}^{L} c_j(l, Q_t) \cdot f_l(\mathbf{x}_t) \right) \tag{6.55}$$

bestimmt. Dabei ist zu beachten, dass der Zustand Q_t zum Zeitpunkt t wiederum vom Modell M_j abhängt. Bei einer Änderung der Modellparameter kann sich die Zuordnung der Merkmalsvektoren zu den Zuständen verschieben. Für die Optimierung der Faktoren $c_j(l, q_n)$ erhält man durch Ableitung von (6.54)

$$\frac{\partial r_j(X)}{\partial c_j(l, q_n)} = \sum_{t:Q_t=q_n} \frac{f_l(\mathbf{x}_t)}{p_j(\mathbf{x}_t|q_n)} \tag{6.56}$$

und

$$c'_j(l, q_n) = c_j(l, q_n) + \epsilon \cdot \alpha \cdot \ell(X) \cdot (1 - \ell(X)) \cdot \sum_{t:Q_t=q_n} \frac{f_l(\mathbf{x}_t)}{p_j(\mathbf{x}_t|q_n)} \ . \tag{6.57}$$

Die beiden Gleichungen für das korrekte und das beste falsche Modell legen fest, wie die Modellparameter zu verändern sind. Jeder Faktor c_j wird gemäß seines

Verhältnisses zu der gewichteten Summe über alle Dichten erhöht beziehungsweise verringert. In den Faktor $\ell(X) \cdot (1 - \ell(X))$ geht, wie beschrieben, die geschätzte Erkennungssicherheit ein.

Als weitere Merkmale betrachten wir die Mittelwerte $\mathbf{m}_l$ der Gauß-Dichten. Für m_{li}, d. h. die i–te Komponente des Vektors $\mathbf{m}_l$ gilt

$$\frac{\partial r_j(X)}{\partial \mu_{li}} = \sum_{t=1}^{T} \frac{\partial}{\partial m_{li}} \log p_j(\mathbf{x}_t|Q_t) \tag{6.58}$$

$$= \sum_{t=1}^{T} \frac{1}{p_j(\mathbf{x}_t|Q_t)} \cdot \frac{\partial p_j(\mathbf{x}_t|Q_t)}{\partial m_{li}} \quad . \tag{6.59}$$

Differenzieren von $p(\mathbf{x}_t|Q_t)$ liefert

$$\frac{\partial p(\mathbf{x}_t|Q_t)}{\partial m_{li}} = c_j(l, Q_t) \cdot \frac{\partial f_l(\mathbf{x}_t)}{\partial m_{li}} \quad . \tag{6.60}$$

Durch Anwendung der Kettenregel kann (6.60) als

$$\frac{\partial f_l(\mathbf{x}_t)}{\partial m_{li}} = f_l(\mathbf{x}_t) \cdot \frac{\partial}{\partial m_{li}} \left(-1/2 \cdot (\mathbf{x}_t - \mathbf{m}_l)^T \mathbf{M}_l^{-1} (\mathbf{x}_t - \mathbf{m}_l) \right)$$

$$= f_l(\mathbf{x}_t) \cdot \sum_{m=1}^{N} M_{lim}^{-1}(x_{tm} - m_{lm}) \tag{6.61}$$

geschrieben werden. Schließlich liefert die Verbindung von (6.58) und (6.61)

$$\frac{\partial r_j(X)}{\partial m_{li}} = \sum_{t=1}^{T} \frac{f_l(\mathbf{x}_t)}{p_j(\mathbf{x}_t|Q_t)} \cdot \sum_{m=1}^{N} M_{lim}^{-1}(x_{tm} - m_{lm}) \quad . \tag{6.62}$$

Damit gilt für die Optimierung die Vorschrift

$$\mathbf{m}_l' = \mathbf{m}_l + \epsilon \cdot \alpha \cdot \ell(X) \cdot (1 - \ell(X)) \cdot \boldsymbol{\Delta} \tag{6.63}$$

mit der Abkürzung

$$\boldsymbol{\Delta} = \sum_{t=1}^{T} \left(\frac{c_j(l, Q_t)}{p_j(\mathbf{x}_t|Q_t)} - \frac{c_k(l, Q_t)}{p_k(\mathbf{x}_t|Q_t)} \right) \cdot f_l(\mathbf{x}_t) \cdot \mathbf{M}_l^{-1}(\mathbf{x}_t - \mathbf{m}_l) \quad . \tag{6.64}$$

Mit dem MCE-Verfahren steht ein Optimierungsverfahren zur Verfügung, das die Sicherheit der Erkennung einzelner Referenzen berücksichtigt. Zur Verbesserung werden die Parameter des korrekten und einzelner oder aller falschen Modelle angepasst. Anschaulich gesprochen, werden die Parameter in entgegengesetzter Richtung verändert Dadurch wird das korrekte Modell wahrscheinlicher und gleichzeitig werden die falschen Modelle unwahrscheinlicher. Die Tatsache, dass auf diese Art und Weise die tatsächliche Zielgröße Erkennungssicherheit zumindest näherungsweise optimiert wird, macht diesen und ähnliche Ansätze attraktiv.

In der praktischen Anwendung ergeben sich allerdings einige Schwierigkeiten. Zunächst ist das Verfahren sehr rechenintensiv. In jedem Durchgang des Trainingsverfahrens muss zuerst eine Erkennung durchgeführt werden. Anschließend werden die Parameter mehrerer oder sogar aller Modelle neu berechnet. Das Konzept einer Reihenfolge von Modellwahrscheinlichkeiten ist nicht unproblematisch. Bei kontinuierlicher Erkennung ist es nicht einfach, für jedes Wort eine solche Reihenfolge anzugeben. Im Allgemeinen werden die erkannten Grenzen nicht übereinstimmen – insbesondere dann nicht, wenn es zu Einfügungen oder Auslassungen kommt. Eine Möglichkeit besteht darin, zunächst die Referenzäußerung in einzelne Wörter zu segmentieren und dann in jedem Segment eine Einzelworterkennung durchzuführen.

In einer Reihe von Untersuchungen konnte die Wirksamkeit von diskriminativen Trainingsverfahren belegt werden. Als besonders erfolgreich erweisen sich derartige Ansätze bei kleinen Vokabularen. Ergebnisse für verschiedene Erkennungsaufgaben werden beispielsweise in [Rei96] [SMMN01] berichtet. Der hier vorgestellte MCE-Ansatz wird dort mit der Alternative basierend auf dem Prinzip der *Maximum Mutual Information* (MMI) [BBSM86] [NCDM94] verglichen. Für beide Methoden wird ein einheitlicher mathematischer Formalismus vorgestellt. Als weiteres Beispiel für einen Ansatz zur näherungsweisen Optimierung der Erkennungsquote sei das Verfahren des *Corrective Training* [BBSM93] erwähnt.

6.6.1 Merkmalstransformation

Ausgehend von dem Trainingsverfahren für die Modellparameter auf der Basis von Maximum Likelihood oder Minimum Error-Kriterien kann man zurückkehren zur Frage der optimalen Merkmalsgrößen. In Kapitel 4 wurden verschiedene Merkmalsarten vorgestellt. Die Frage, welche Art am besten geeignet ist und wie die zahlreichen Parameter in der Merkmalsberechnung einzustellen sind, lässt sich nicht allgemein beantworten. Ideal wäre es, wenn der gesamte Prozess der Merkmalsberechnung in das Modelltraining einbezogen werden könnte. Anhand von Referenzdaten würde das System dann lernen, wie aus den Sprachsignalen die Merkmalsvektoren am besten zu berechnen sind. In dieser Allgemeinheit ist dies bis heute noch nicht gelungen. Aber zumindest Teile der Merkmalsgewinnung lassen sich integrieren.

In der Regel führt man dazu eine zusätzliche Merkmalstransformation ein, mit der aus den ursprünglichen Merkmalsvektoren $\mathbf{x}$ neue Merkmale

$$\mathbf{y} = \mathcal{T}(\mathbf{x}) \qquad (6.65)$$

berechnet werden. Mit der Transformation kann eine Reduktion der Dimension der Merkmalsvektoren verbunden sein. Im Falle einer linearen Transformation geht (6.65) in die Form

$$\mathbf{y} = \mathbf{T} \cdot (\mathbf{x} + \mathbf{a}) \qquad (6.66)$$

über. Derartige lineare Transformationen sind ohnehin bereits in vielen Ansätzen zur Merkmalsextraktion enthalten. Beispielsweise lässt sich die Berechnung der Delta-Koeffizienten in dieser Form schreiben. Ein Vektor $\mathbf{x}$ ist in diesem Fall aus mehreren aufeinanderfolgenden einzelnen Merkmalsvektoren zusammengesetzt. Ein weiteres Beispiel ist die Hauptachsentransformation, die häufig eingesetzt wird, um dekorrelierte Merkmalskomponenten mit einheitlicher Varianz zu erhalten. Damit wird die numerische Stabilität des Trainingsverfahrens erhöht.

Allgemein kann der Vektor $\mathbf{x}$ verschiedene Merkmalsarten und zeitlich benachbarte Werte enthalten. Ziel der Transformation (6.65) ist in diesem allgemeinen Sinne eine Auswahl der optimalen Merkmale in Hinblick auf die Erkennung. Dazu kann das Maximum Likelihood Kriterium dienen. In [STHN95] und [Den94] werden entsprechende Ansätze vorgestellt. Verbreiteter ist das Verfahren der linearen Diskriminanzanalyse (LDA) [HL89]. Ausgangspunkt der LDA ist die Zuordnung der Vektoren zu Klassen. Durch die Transformation wird die Trennbarkeit der Klassen maximiert. Betrachten wir einen Vorrat $\mathbf{x}_1, \ldots, \mathbf{x}_N$ von N Vektoren. Jeder Vektor ist einer von J Klassen zugeordnet. Zur Vereinfachung der Notation wird die Indikatorfunktion $g(i)$ mit

$$g(i) = j \quad : \quad \mathbf{x}_i \text{ gehört zur Klasse } j \qquad (6.67)$$

eingeführt. Der Schätzwert für den Mittelwert der Klasse j wird aus den Trainingsdaten als

$$\overline{\mathbf{X}}_j = \frac{1}{N_j} \sum_{i:g(i)=j} \mathbf{x}_i \qquad (6.68)$$

berechnet. Die Klassenkovarianzen sind dann durch

$$\overline{\mathbf{W}}_j = \frac{1}{N_j} \sum_{i:g(i)=j} (\mathbf{x}_i - \overline{\mathbf{X}}_j)(\mathbf{x}_i - \overline{\mathbf{X}}_j)^T \qquad (6.69)$$

bestimmt, wobei N_j die Anzahl der Vektoren in der Klasse j bezeichnet. Die Klassenkovarianzen beschreiben die Breite der Klassen (Intraset-Abstand, *within*). Durch Mittelung über alle Klassen werden die Beiträge der einzelnen Klassen in eine Matrix

$$\overline{\mathbf{W}} = \sum_{j=1}^{J} \frac{N_j}{N} \overline{\mathbf{W}}_j \qquad (6.70)$$

zusammengefasst. Als Kriterium für die Abstände zwischen den Klassen (Interset-Abstand, *between*) betrachtet man die Kovarianz der Klassenmittelwerte. Mit dem Mittelwert $\overline{\mathbf{X}}$ aus allen Vektoren gilt:

$$\overline{\mathbf{B}} = \sum_{j=1}^{J} \frac{N_j}{N} (\overline{\mathbf{X}}_j - \overline{\mathbf{X}})(\overline{\mathbf{X}}_j - \overline{\mathbf{X}})^T \ . \qquad (6.71)$$

In Hinblick auf die Trennbarkeit der Klassen soll eine Transformation die Vektoren jeder Klassen eng zusammen halten und gleichzeitig die Klassenmittelpunkte voneinander weg bewegen. Unter den Annahmen, dass für alle Klassen eine Normalverteilung gilt und darüber hinaus alle Verteilungen die gleiche Kovarianzmatrix besitzen, ist die optimale Transformation als Lösung von

$$\mathbf{T}_{LDA} = \arg\max_{\mathbf{T}} \left\{ \frac{|\mathbf{T}^T\overline{\mathbf{B}}\mathbf{T}|}{|\mathbf{T}^T\overline{\mathbf{W}}\mathbf{T}|} \right\} \tag{6.72}$$

gegeben. Die Lösung von (6.72) lässt sich über eine Eigenwertanalyse bestimmen. Dabei stellt sich die Frage nach den zu verwendenden Klassen. Die Annahme einer einzelnen Normalverteilung mit identischen Kovarianzen für alle Klassen trifft sicherlich für Wörter oder Phoneme nur schlecht zu. Bessere Erfahrungen hat man mit einzelnen Zuständen oder sogar Dichtekomponenten gesammelt. Durch die LDA erhält man einen kompakteren Merkmalsraum, der die Modellierung wesentlich vereinfacht. Mit der gegebenen Menge von Trainingsdaten ist damit eine zuverlässigere Schätzung der Merkmalsverteilungen möglich.

Im Allgemeinen werden die einzelnen Klassen unterschiedliche Kovarianzmatrizen haben. Eine entsprechende Erweiterung mit individuellen Matrizen führt zur Heteroskedastischen linearen Diskriminanzanalyse (HLDA). Allerdings existiert in diesem Fall keine geschlossene Lösung für die optimale Transformationsmatrix. Anstelle der Eigenwertanalyse sind aufwändigere numerische Lösungsverfahren erforderlich [KA96]. Die Verwendung der HLDA führt zu einer weiteren Verbesserung der Erkennungsquoten, wie beispielsweise in [Kum97] berichtet.

Mit der LDA beziehungsweise HLDA besteht bereits eine Kopplung zwischen Merkmalsberechnung und Klassifikator. Der Klassifikator legt die einzelnen Klassen fest, und die Transformation wird im Hinblick auf die Trennbarkeit optimiert. Eine noch stärkere Verbindung zwischen den beiden Verarbeitungsschritten erreicht man, wenn die Merkmalsgewinnung in das Modelltraining integriert wird. Die beschriebenen diskriminativen Lernverfahren lassen sich dahingehend erweitern. So berichten Ayer et al. über deutliche Verbesserungen bei der Erkennung von Buchstaben mit einer als *Whole-word Adaptive LDA* (WALDA) bezeichneten Technik [AHB93]. Ebenfalls an einem Erkenner für Buchstaben wird in [Eul95] die Optimierung der Transformationsmatrix mit dem MCE-Kriterium beschrieben.

6.7   Vergleich zwischen HMM und DTW

An dieser Stelle lohnt ein vergleichender Rückblick auf die beiden Ansätze HMM und DTW. Insbesondere im Erkennungsalgorithmus zeigen sich deutliche Ähnlichkeiten. Die Suche nach dem besten Pfad im DTW ähnelt sehr stark dem Viterbi-Algorithmus zur Bestimmung der wahrscheinlichsten Zustandsfolge. In der Tat lässt sich die prinzipielle Ähnlichkeit theoretisch belegen [Jua84]. In Tabelle 6.7 sind die wichtigsten Eigenschaften beider Ansätze gegenübergestellt.

Der fundamentale Unterschied liegt in der Fähigkeit, mehrere Äußerungen eines Wortes als Referenz zu nutzen. Im DTW wird jede Äußerung als Muster

Tabelle 6.7: Vergleich zwischen HMM und DTW

	HMM	DTW
Training	Aufwändige Optimierung	Abspeichern der Referenzen
Erkennung	Höchste Wahrscheinlichkeit	Geringster Abstand
Bewertung	Vergleich mit einem Modell	Vergleich mit N Referenzen und Kombination der Einzelwerte
Aufwand Training	hoch	niedrig
Aufwand Erkennung	mittel (linear mit Anzahl der Modelle)	niedrig (linear mit Anzahl der Referenzen)
Modellierung	Benötigt mehr Trainingsdaten, kompakte Repräsentation in einem Modell	Kann mit sehr wenigen Referenzen arbeiten, Generalisierung schwierig
Erweiterung	Einfache Kombination von kleineren Einheiten	Kombination zu größeren Einheiten schwierig

abgelegt und bei der Erkennung zum Vergleich verwendet. Damit steigt zum einen der Erkennungsaufwand mit wachsender Zahl von Referenzen linear an, zum anderen besteht das prinzipielle Problem, wie aus den einzelnen Abstandswerten ein aussagekräftiger Gesamtwert abgeleitet werden kann. Bei der Erkennung von kontinuierlicher Sprache stellt sich darüber hinaus die Frage, wie die im Allgemeinen von Referenz zu Referenz unterschiedlichen Wortgrenzen behandelt werden. Ein HMM kann demgegenüber viele Referenzmuster mit einem einzigen Modell gemeinsam repräsentieren. Das Modell spiegelt die Struktur des zu beschreibenden Wortes wieder. Wie viele Referenzmuster tatsächlich genutzt wurden, ist an dem Modell nicht mehr zu erkennen und spielt auch keine Rolle für die Erkennung. Wie wir im Folgenden noch sehen werden, kann ein solches einheitliches Modell leicht als Baustein für größere Einheiten verwendet werden. So können Worte einfach aus aneinander gereihten Phonemmodellen aufgebaut werden.

6.8 Übungen

Übung 6.1 *HMM-Beispiel mit Kartenstapel*

1. *Warum ist es wichtig, die Karten nach dem Ziehen wieder zurück in den Stapel zu legen?*

2. *Welche Bedingung müssten die Kartenstapel erfüllen, damit man aus der Farbenfolge die Zustandsfolge eindeutig rekonstruieren könnte?*

Übung 6.2 *Wahrscheinlichkeiten*

Berechnen Sie mit dem Beispielmodell die Wahrscheinlichkeiten der 4-er Folge
♣, ◇, ◇, ♡ *für die beiden folgenden Spezialfälle:*

1. *die Markovkette bleibt im ersten Zustand:*

q_1				
	♣	◇	◇	♡

2. *die Markovkette wechselt in jedem Schritt zum nächsten Zustand:*

q_4	X	X	X	
q_3	X	X		X
q_2	X		X	X
q_1		X	X	X
	♣	◇	◇	♡

Übung 6.3 *Viterbi-Training*

*Vervollständigen Sie die Viterbi-Optimierung aus Abschnitt 6.5.2 auf der Basis
der Beispielsfolge. Zeigen Sie, dass die neuen Modellparameter tatsächlich zu einer Verbesserung der Auftrittswahrscheinlichkeit führen.*

Kapitel 7

Einsatz von Hidden-Markov-Modellen

7.1 Einleitung

Nachdem im vorigen Kapitel die Grundprinzipien der Modellierung mit HMMs dargestellt wurden, stehen in diesem Kapitel Fragen des praktischen Einsatzes im Mittelpunkt. Eine grundsätzliche Entscheidung ist die Festlegung der zu modellierenden Einheit. So kann man für jedes Wort ein eigenes HMM verwenden (Ganzwortmodelle). Die Alternative besteht darin, kleinere Einheiten wie Phoneme oder Halbsilben zu modellieren und dann die Wörter aus diesen kleineren Einheiten zu konstruieren. Im Folgenden werden die sich aus den beiden Ansätzen ergebenden Konsequenzen für den Einsatz diskutiert. Anschließend wird die Erweiterung auf die Erkennung kontinuierlich gesprochener Eingaben beschrieben. Im letzten Abschnitt werden Schnittstellen für die Übergabe der Erkennungsresultate an die weiteren Module vorgestellt.

7.2 Ganzwortmodelle

Für kleine, spezialisierte Wortschätze kann man mit Ganzwortmodellen arbeiten. Typische Anwendungen liegen im Bereich Command and Control. In solchen Fällen benötigt man häufig nur die Zahlwörter und einige wenige Befehle wie etwa *Ja*, *Nein*, *Weiter*, etc. In der Regel sind solche Systeme für die Erkennung isoliert gesprochener Wörter oder spezieller Wortketten wie z. B. Ziffernfolgen ausgelegt. Im Einzelnen sind folgende Schritte zur Erstellung der Modelle notwendig:

- Festlegung des Vokabulars

- Beschaffen von Referenzäußerungen

- gegebenenfalls Training des Codebuchs zur Vektor-Quantisierung oder der gemeinsamen Dichten

- wortweises Modelltraining

Da immer ein vollständiges Wort als Einheit modelliert wird, wird kein explizites Wissen über die innere Struktur des Wortes benötigt. Wenn nur ausreichend repräsentatives Sprachmaterial vorliegt, kann das Modell im Prinzip alles automatisch erfassen.

Die Qualität der Modellierung kann allerdings durch entsprechende Vorgaben für die Modellstruktur verbessert werden. Beispielsweise ist es sinnvoll, die Anzahl der Modellzustände an die Anzahl der Laute in dem Wort anzupassen. Zur Initialisierung der Modellparameter kann eine lineare Unterteilung der Sprachreferenzen verwendet werden. Dazu wird jede Äußerung entsprechend der Anzahl N der Modellzustände in gleich große Abschnitte unterteilt. Aus den zueinander gehörenden Abschnitten werden dann erste Schätzwerte für die Modellparameter bestimmt. Bei kontinuierlichen HMMs können auf diese Art und Weise die Mittelwerte und Varianzen aus den zugehörigen Merkmalsvektoren bestimmt werden.

Begrenzt werden die Einsatzmöglichkeiten von Ganzwortmodellen durch den starren Wortschatz. Sobald für eine Veränderung oder Erweiterung der Anwendung ein neues Wort benötigt wird, muss wieder die aufwändige Trainingsprozedur durchgeführt werden. Das Training betrifft zwar nur das neue Wort, aber bereits die Beschaffung geeigneter Sprachreferenzen kann einen bedeutenden Aufwand verursachen.

Weiterhin wächst mit jedem neuen Wort die Anzahl der Gesamtparameter weiter an. Es wird nicht ausgenutzt, dass die selben Laute in verschiedenen Wörtern vorkommen. Mit wachsendem Vokabular ergibt sich daraus ein eigentlich unnötiger großer Speicherplatzbedarf. Die wesentlichen Vor- und Nachteile von Ganzwortmodellen sind nochmals in Tabelle 7.1 zusammengefasst.

Tabelle 7.1: Ganzwortmodelle

Vorteile	Nachteile
Einfaches Trainingsverfahren	Referenzäußerungen müssen für jedes Wort vorhanden sein; jedes neue Wort erfordert Modelltraining
Implizite Modellierung von Ko-artikulationseffekten und Aussprachevarianten	Anzahl der Modellparameter wächst mit steigender Größe des Vokabulars

7.3 Phonemmodelle

7.3.1 Aussprachelexikon

Die Modellierung von Wortuntereinheiten führt zu einem wesentlich flexibleren Konzept. Aus den Modellen können die Wörter nach dem Baukastenprinzip zusammengesetzt werden. Als Untereinheiten können die im Kapitel 2 vorgestellten Einheiten wie Phoneme, Silben oder Halbsilben verwendet werden [Rus88]. Am verbreitetsten ist der Einsatz von Phonemmodellen. Es gibt im Übrigen keinen zwingenden Grund, sich in der Anwendung auf eine einzige Klasse von Untereinheiten zu beschränken. Man kann durchaus gleichzeitig Modelle für unterschiedliche Einheiten verwenden. Eine Möglichkeit ist, häufig vorkommende kurze Wörter wie z. B. Artikel oder Pronomen durch Ganzwortmodelle zu beschreiben und alle anderen Wörter durch Phonemmodelle. Im Folgenden wird das Vorgehen an Hand von Phonemen beschrieben. Die Darstellung gilt aber analog für die anderen Untereinheiten.

Die Gesamtheit der verwendeten Modelle bildet das Inventar, aus dem Wörter gebildet werden können. Um ein Wort in das Vokabular aufzunehmen, wird eine Aufteilung in Einheiten benötigt. Bei Phonemen kann die Abfolge der Phoneme – die phonetische Transkription – einem üblichen Aussprachelexikon entnommen werden. Beispielsweise ist die Standardaussprache in dem Ausspracheduden [Man00] angegeben. Allerdings bezieht sich diese Transkription auf einen bestimmten Satz an Phonemen. Spracherkennungssysteme verwenden demgegenüber oft ein mehr oder weniger stark von diesem Standard abweichendes Inventar. Daher ist im Einzelfall eine Anpassung an den Phonemsatz des Erkenners erforderlich. Kommerzielle, phonembasierte Spracherkennungssysteme beinhalten in der Regel ein entsprechendes Lexikon, das auf den jeweiligen Satz von Phonemen aufbaut. Ein Eintrag im Lexikon besteht aus dem Wort und einer oder mehreren Transkriptionen. Verwendet man andere Einheiten, so enthält das Lexikon in entsprechender Weise die Transkription auf der Basis dieser Einheiten.

Allerdings kann ein solches Lexikon nie vollständig sein. So werden viele Fachwörter und Eigennamen nicht in dem Lexikon enthalten sein. In solchen Fällen kann das Lexikon manuell um die fehlenden Wörter ergänzt werden. Eine Hilfe sind automatische Programme zur Erzeugung der Phonemfolge – so genannte Graphem-zu-Phonem-Umsetzer. Selbst wenn diese Programme nicht 100% korrekte Transkriptionen liefern, so ist die produzierte Ausgabe doch ein guter Ausgangspunkt für eine manuelle Nachbearbeitung.

Die Umsetzung der Rechtschrift in Lautschrift enthält einige knifflige Probleme. So muss bei Abkürzungen entschieden werden, ob sie als Buchstabenfolge oder als neues Wort behandelt werden. Einige Beispiele dazu:

- ADAC

- NATO

- USA

- LINUX

Auch Zahlen oder Ziffernfolgen können unterschiedlich ausgesprochen werden. Im Satz

Im Jahr 2003 entwickelte Kanzler Schröder die Agenda 2010.

werden die beiden Jahreszahlen verschieden behandelt (Zweitausenddrei, Zwanzig-Zehn).

Häufig existieren zu einem Wort mehrere Aussprachevarianten. Viele Systeme bieten die Möglichkeit, solche Varianten ebenfalls mit anzugeben. Zu einem Wort können dann mehrere Aussprachevarianten in das Lexikon eingetragen werden. Im Sinne der Kundenorientierung können auch aus Dialekt oder Akzent resultierende Varianten aufgenommen werden. Zur automatischen Generierung von Varianten kommen sowohl regelbasierte als auch datenbasierte Verfahren zum Einsatz. Im ersten Fall werden die Varianten durch Anwendung von allgemeinen Regeln systematisch erzeugt [JB92]. Demgegenüber werden bei datenbasierten Verfahren Sprachdaten auf Varianten durchsucht.

Eine besonders problematische Gruppe sind Wörter, die aus anderen Sprachen übernommen wurden. Dieses Problem tritt häufig bei geographischen Bezeichnungen auf. Ein Beispiel sind Straßen oder Plätze, die nach berühmten Persönlichkeiten benannt wurden (*Henri-Dunant-Straße*). Je nach Sprachkenntnis des Sprechers und Bekanntheit des ausländischen Namens wird die Aussprache zwischen dem Original und einer eingedeutschten Variante liegen. Einige andere Kategorien, in denen häufig Wörter aus anderen Sprachen auftauchen, sind:

- Produkt- und Markennamen (*MacChicken, Gnocchi, Chaumes, Woolworth*)

- Computer und andere elektronische Geräte (*Cache, CD-Player, Scanner, Handy, Flash-Plugin*)

- Eigennamen von Künstlern, Sportlern oder Politikern

- Musiktitel

Interessante Fragestellungen ergeben sich auch beim Einsatz von Navigationssystemen. Bei der wünschenswerten Eingabe des Zieles per Sprache stellt sich die Frage nach der Aussprache von Orts- und Straßennamen. Auf der Reise durch die Länder Europas mit den verschiedensten Sprachen ist eine „korrekte" Aussprache aller Ortsnamen praktisch unmöglich. Vielmehr werden sich abhängig von der Muttersprache des Sprechers und seiner Kenntnis der Zielsprache die unterschiedlichsten Varianten ergeben.

Allerdings ist bei der Einführung von Aussprachevarianten zu bedenken, dass mit wachsender Anzahl von Varianten einerseits der Rechenaufwand zunimmt und andererseits auch die Gefahr von Verwechslungen steigt. Im schlimmsten Fall gehören zu verschiedenen Wörtern identische Varianten.

7.3.2 Kombination zu Wortmodellen

Ein Eintrag im Wortlexikon spezifiziert, wie ein Wort aus den Einheiten des Inventars aufgebaut wird. Ist nur eine einzige Transkription vorgegeben, so können die Modelle der einzelnen Bausteine direkt aneinander gehängt werden. Dazu wird jeweils ein Übergang zwischen dem Endzustand einer Einheit und dem Anfangszustand der nächsten Einheit eingefügt. Es entsteht auf diese Art und Weise ein großes HMM für das Wort. Hier zeigt sich die Stärke des Ansatzes. Die Modelle der Untereinheiten lassen sich nahtlos zu einer größeren Einheit zusammenbauen. In der Erkennung können die so gebildeten Wortmodelle wie Ganzwortmodelle behandelt werden. Bild 7.1 zeigt als Beispiel, wie das Wort *Acht* aus drei Phonemmodellen zusammengesetzt wird.

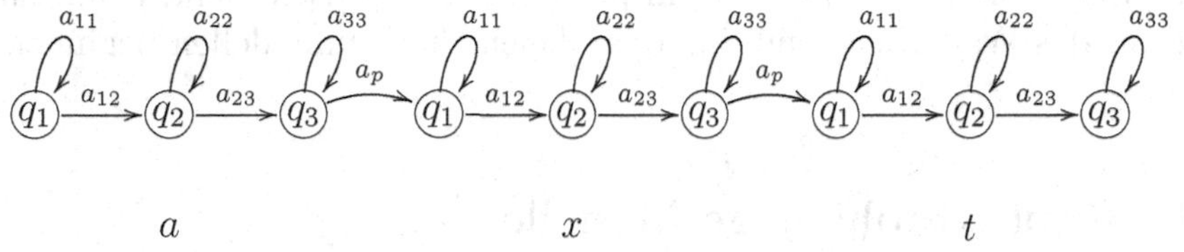

Abbildung 7.1: Modell für das Wort *Acht* gebildet aus drei Phonemmodellen mit jeweils 3 Zuständen

Aufgrund der Normierungsbedingung für die Übergangswahrscheinlichkeiten muss die Wahrscheinlichkeit im letzten Zustand um den Betrag für die Wahrscheinlichkeit eines Wechsels zum nächsten Modell vermindert werden. Der Effekt kann durch die Einführung nicht emittierender Zustände vermieden werden. Dies sind Zustände, zu denen kein Ausgabesymbol gehört. In Analogie zu dem entsprechenden Konzept in der Automatentheorie bezeichnen wir sie als ε-Zustände. Eine flexible Struktur erhält man durch Einfügen von solchen Zuständen am Anfang und Ende jedes Phonemmodells. Bild 7.2 zeigt den Anfang des resultierenden Modells für das Wort *Acht*.

Aussprachevarianten können als eigenständige Modelle aufgebaut werden. Alternativ können mehrere Modelle, die sich nur in Teilen unterscheiden, sinnvoll durch ein gemeinsames Modell mit parallelen Zweigen kompakt realisiert werden. Betrachten wir als Beispiel das Wort *Sieben*. Tabelle 2.2 entnimmt man, dass am

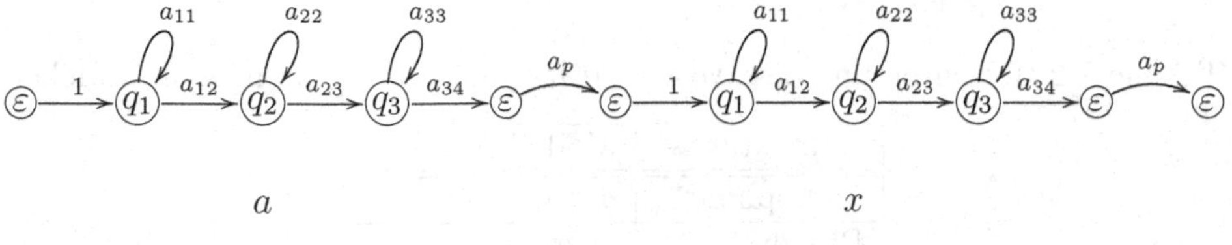

Abbildung 7.2: Anfang des Modells für das Wort *Acht* mit ε-Zuständen

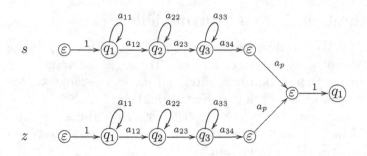

Abbildung 7.3: Stimmhaftes und stimmloses s als Modellalternativen

Wortanfang entweder ein [s] oder ein [z] steht. Dementsprechend kann man das Modell für das Wort *Sieben* mit zwei parallelen Phonemmodellen beginnen (Bild 7.3).

7.3.3 Kontextabhängige Modelle

Im Abschnitt 2.3 über grundlegende Eigenschaften von Sprachsignalen wurde bereits die Einfluss der lautlichen Umgebung auf die Realisierung eines Lautes betont. Ein fließenden Übergang erfordert die Anpassung an vorhergehende und nachfolgende Laute. Diesem Effekt trägt man durch Einführung kontextabhängiger Modelle Rechnung. Anstelle nur eines allgemeinen Modells für eine Einheit wird eine Vielzahl von Modellen für das Auftreten in unterschiedlichen Lautfolgen verwendet. Modelle die entweder den Vorgänger oder den Nachfolger berücksichtigen bezeichnet man als Biphone. Triphone sind Modelle mit zwei Nachbarn. Der Vollständigkeit halber werden die kontextunabhängige Modelle als Monophone bezeichnet. Tabelle 7.2 zeigt für das Wort *Acht* die Beschreibung mit Monophonen, linksseitigen Diphonen und Triphonen. In der Notation sind Vorgänger und Nachfolger tiefer gestellt. So ist mit $_a x_t$ das Modell für x zwischen a und t gemeint. Wortanfang und Wortende sind durch das Symbol *pau* gekennzeichnet. Prinzipiell lässt sich der Kontext weiter ausweiten. In [STKN93] schlagen Schukat-Talamazzini et. al. eine entsprechende Verallgemeinerung vor und verwenden die allgemeine Bezeichnung Polyphon.

Kontextabhängige Modelle erlauben eine genaue Modellierung der phoneti-

Tabelle 7.2: Beschreibung des Wortes *Acht* mit kontextabhängigen Modellen

Kontextgröße	Modell für *Acht*
Monophone	$a \; x \; t$
Biphone	$_{pau}a \; _ax \; _xt$
Triphone	$_{pau}a_x \; _ax_t \; _xt_{pau}$

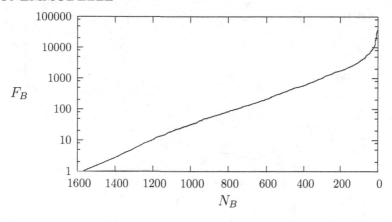

Abbildung 7.4: Anzahl N_B der Biphone mit Mindesthäufigkeit F_B

schen Einheiten. Das Problem liegt – wie so oft in der Spracherkennung – in einer robusten Schätzung. Bei etwa 50 Monophonen gibt es theoretisch 2500 Biphone und 125000 Triphone. Zwar kann man viele Kombinationen von vornherein als phonetisch unsinnig ausschließen, aber es verbleiben viele Möglichkeiten. Um einen Eindruck von der Häufigkeit der verschiedenen Folgen zu gewinnen, wurden die Einträge in einem Aussprachelexikon[1] der Universität Bonn analysiert. Das Lexikon enthält 141489 Einträge. Für die phonetische Umschrift werden 55 verschiedene Phoneme verwendet. Die Häufigkeit der einzelnen Phoneme unterscheidet sich beträchtlich. Am häufigsten ist der Murmel- oder Schwa-Laut [ə] mit 134967 Vorkommen (8,5%). Zu den seltenen Phoneme gehört das [ʤ] mit 241 Fällen, das nur in einigen Lehnwörtern wie *Dschungel* vorkommt.

In den Bildern 7.4 und 7.5 ist aufgetragen, wie viele Biphone und Triphone mit einer Mindesthäufigkeit im Wörterbuch enthalten sind. Insgesamt treten etwa 1600 verschiedene Biphone auf. Viele davon sind jedoch recht selten. Setzt man beispielsweise eine Schwelle bei mindestens 100 Beispielen für ein Biphon, so verbleiben nur etwa die Hälfte. Ein ähnliches Bild ergibt sich bei den Triphonen. Aufgrund der vielen Kombinationsmöglichkeiten haben die einzelnen Triphone deutlich geringere Häufigkeiten. Nimmt man wieder die obere Hälfte, so liegt die Häufigkeit bei 10.

Aus diesen Betrachtungen wird klar, dass es aussichtslos ist, für alle Biphone oder Triphone Modelle zu trainieren. Eine Lösung ist, das Training auf die Modelle zu beschränken, die oft genug in den Referenzdaten vorkommen. Dabei werden Modelle für unterschiedlich weite Kontexte erstellt. Man gewinnt damit einen Vorrat von Monophonen, Biphonen und Triphonen. Ein Wortmodell wird dann aus diesen Einheiten zusammengesetzt. Im Idealfall werden die Triphon-Modelle verkettet. Sind einige Triphone nicht im Modell-Vorrat enthalten, so greift man

---

[1]BOMP, Details siehe Abschnitt 9.4

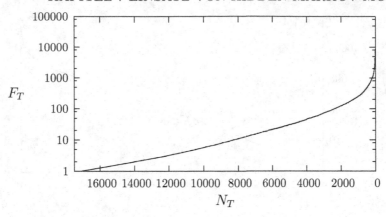

Abbildung 7.5: Anzahl N_T der Triphone mit Mindesthäufigkeit F_T

auf Biphone oder notfalls auf Monophone zurück.

Als Verfeinerung kann man die Modelle kombinieren. Damit verbindet man die Vorteile eines allgemeinen und damit mit vielen Daten gut geschätzten Modells mit denen eines spezifischen, dafür aber aufgrund der geringen Datenmenge weniger gut geschätzten Modells. Beispielsweise kann man bei diskreten HMMs bei gleicher Modelltopologie die Auftrittwahrscheinlichkeiten für die einzelnen Symbole als Mittelwert aus den einzelnen Modellen berechnen. Über Faktoren kann der Beitrag der einzelnen Modelle – etwa nach der Zuverlässigkeit der geschätzten Parameter – gewichtet werden.

Eine andere Möglichkeit ist, die Anzahl der Modelle durch Zusammenlegung ähnlicher Modelle zu beschränken. Bei den verallgemeinerten Triphonen wird ein reduziertes Inventar von Modellen verwendet, wobei ein Modell eine Gruppe von ähnlichen Triphonen repräsentiert. Für die Gruppierung bieten sich mehrere Vorgehensweisen an. Zum einen kann man auf der Basis eines Abstandsmaßes ähnliche Modelle zusammenführen [LHH89]. Aus den Modelle werden Gruppen gebildet, und jede Gruppe wird durch einen Repräsentanten beschrieben. Nachteilig ist bei diesem Ansatz, dass man die Modelle zunächst trainieren muss. Für seltene Triphone können aber keine zuverlässigen Parameter geschätzt werden. Daher ist die Ausgangsmenge der Triphone entweder eingeschränkt oder enthält schlecht geschätzte Modelle.

Alternativ kann man die Triphone auch nach phonetischen Kriterien verallgemeinern. Anstelle einzelner Phoneme als Kontexte verwendet man gröbere Klassen wie z. B. Vokal oder Plosiv. Damit resultieren Modelle in der Art $_{Plosiv}l_{Vokal}$, also ein l zwischen einem Plosiv und einem Vokal. Für eine feinere Einteilung werden Entscheidungsbäume verwendet. Ausgehend von der Wurzel des Baumes werden Ja-Nein-Fragen zu dem betrachteten Kontext beantwortet (Beispiel: *Ist der linke Kontext ein Plosiv?*). In Abhängigkeit von der Antwort folgt man einem der beiden Zweige. Durch eine Folge von Fragen gelangt man schließlich zu einem Blatt, an dem das passende Triphon steht. Die optimale Konstruktion des Entscheidungsbaums erfolgt mit dem CART-Verfahren (*Classification and Regression Tree*) [BFOS84]. Dabei werden die Fragen an den Knoten aus einem Vorrat vorgegebener Fragen so ausgewählt, dass bezüglich eines Maßes eine optimale Auswahl erfolgt. Details zum Aufbau eines geeigneten Fragekatalogs und zum Optimalitätskriterium findet man beispielsweise in [BSG+91], [YOW94] und [Beu99].

Bei diesem Verfahren findet man für jedes Triphon ein passendes Modell, selbst wenn die Phonemfolge in den Trainingsdaten nicht enthalten war. Der Entscheidungsbaum führt in jedem Fall zu einem Modell.

7.3.4 Training und Erkennung

Der Aufbau eines phonembasierten Erkenners beinhaltet zwei Teile:

- Training der Phonemmodelle

- Aufbau des Wortlexikons

Allerdings lassen sich diese beiden Aufgaben nicht streng trennen. Ein unabhängiges Training der Phonemmodelle setzt die Kenntnis von Anfang und Ende jedes einzelnen Phonems voraus. Dazu wird eine Transkription und Segmentierung der Sprachdaten auf Phonemebene benötigt. Sprachdaten in einzelne Phoneme manuell zu unterteilen, ist eine schwierige und zeitaufwändige Tätigkeit, die daher nur auf einem beschränkten Umfang von Daten durchgeführt werden kann. Bei der überwiegenden Mehrheit der Sprachdaten liegt lediglich eine Verschriftung auf Wortebene vor. Für diese Daten lässt sich zwar mit Hilfe des Wortlexikons die Phonemfolge festlegen. Dass sich der Sprecher oder die Sprecherin exakt an diese Aussprache gehalten hat, ist aber nicht garantiert.

In der Praxis verwendet man häufig die kleinen, phonetisch transkribierten Datenbasen zur Initialisierung der Phonemmodelle. Der Hauptteil des Trainings erfolgt an Daten, für die nur die gesprochenen Wörter notiert sind. Dann wird die Phonemfolge aus den phonetischen Transkriptionen im Lexikon konstruiert. Im Training gilt es, das Sprachsignal den einzelnen Modellzuständen optimal zuzuordnen. Diese Aufgabe kann auf die uns schon bekannten Algorithmen zurück geführt werden. Dazu muss lediglich für eine Referenzäußerung (z. B. einen Satz) ein ganzheitliches Hidden-Markov-Modell erstellt wird. Dies erfolgt nach dem Baukastenprinzip durch Verkettung der Phonemmodelle zu Wortmodellen und weitere Verkettung der Wortmodelle zu einem Satzmodell. In Summe entsteht ein langes HMM, das die gesamte Äußerung überdeckt. Mit diesem HMM lassen sich wiederum die Algorithmen für Ganzwortmodelle anwenden.

Auch die Erkennung mittels phonembasierten Wortmodellen lässt sich auf die Erkennung mit Ganzwortmodellen zurück führen. Wie beschrieben, lassen sich die

Wortmodelle aus den Phonemmodellen aufbauen. Im einfachsten Fall werden die durch Verkettung entstandenen Wortmodelle wie Ganzwortmodelle eingesetzt. Die beiden wesentlichen Vorteile der Ansätze mit Wortuntereinheiten sind:

- gemeinsame Modellierung von zusammengehörenden Einheiten

- flexible Erweiterung des Wortschatzes

Die spätere Erweiterung des Wortschatzes setzt allerdings voraus, dass die Einheiten sich gut verallgemeinern lassen. Nur wenn für jedes Phonemmodell im Inventar ausreichend Trainingsmaterial zur Verfügung steht, ist zu erwarten, dass die Modelle auch in beliebigen Kombinationen gute Ergebnisse liefern. Würde – um ein extremes Gegenbeispiel zu konstruieren – ein Phonem immer nur im selben Wort in den Trainingsdaten vorkommen, so würde das entstehende Phonemmodell sich sehr stark diesem Kontext anpassen. Daher ließe es sich später nur schlecht für die Repräsentation in anderen Wörtern verwenden. Repräsentative Phonemmodelle erfordern daher umfangreiches und ausgewogenes Trainingsmaterial.

Den Vorteilen in der Anwendung steht der größere Trainingsaufwand gegenüber. Um Phonemmodelle zu erstellen, wird zunächst eine größere Datenmenge benötigt. Weiterhin muss die Zuordnung zwischen den Wörtern und den Phonemmodellen vorliegen.

7.4 Datenbanken

An dieser Stelle erscheint ein kurzer Exkurs zum Thema Sprach-Datenbanken angebracht. Nach dem bisher gesagten sollte die Bedeutung von Sprachdaten für das Erstellen von Modellen klar sein. Umfangreiche, sorgfältig zusammen gestellte Daten sind die Basis von leistungsfähigen Erkennern. Gleichzeitig sind für wissenschaftliche Arbeiten allgemein zugängliche Datenbanken als gemeinsame Referenz wichtig. Für die Verwaltung und Verteilung der Datenbanken wurden mehrere Institutionen gegründet. Drei wichtige Institutionen sind:

- in Europe: Evaluations and Language resources Distribution Agency[2] (ELDA), eine Organisation der European Language Resources Association (ELRA)

- in den USA: Linguistic Data Consortium[3] (LDC)

- in Deutschland: Bayerisches Archiv für Sprachsignale[4] (BAS)

---

[2]www.elda.org/sommaire.php
[3]www.ldc.upenn.edu/
[4]www.phonetik.uni-muenchen.de/Bas/BasHomedeu.html

Tabelle 7.3: Beispiele für Sprach-Datenbanken

TI-DIGITS	Bereits 1982 von der Firma Texas Instruments gesammelte Aufnahmen mit Zifferketten von mehr als 300 Sprechern
TIMIT	TIMIT umfasst jeweils 10 phonetisch reiche, englische Sätze, vorgelesen von 630 Sprechern. Für die Aufnahmen sind phonetische Transkriptionen angegeben. Damit ist der Korpus besonders für Untersuchungen zur Phonem-Erkennung geeignet.
Verbmobil	Die im Rahmen des Projektes aufgezeichneten, spontansprachlichen Dialoge sind als Daten verfügbar. Aufgezeichnet wurden mehrere Kanäle mit Nahbesprechungs- und Raummikrophonen sowie Telefonkanäle [BWST00].
SpeechDat (II)	SpeechDat (II) war ein EU-Projekt zur Sammlung von Telefonsprache in 15 Ländern Europas [HDH$^+$99]. In mehreren Nachfolgeprojekten wie z. B. SALA – SpeechDat Across Latin America – wurden weitere Sprache aufgenommen.
SpeechDat-Car	Hierbei handelt es sich ebenfalls um einen Ableger von SpeechDat. Wie der Name sagt wurden die Aufnahmen in Autos durchgeführt [MLD$^+$00].

Auf den Web-Seiten geben die Institute einen Überblick über die umfangreichen Materialien. Neben Sprachsignalen mit ihren Transkriptionen stehen auch weitere Materialien wie Textdaten, Lexika sowie multimodale Aufzeichnungen zur Verfügung. Einige wenige Beispiele für Sprach-Datenbanken sind in Tabelle 7.3 aufgeführt.

7.5 Kontinuierliche Erkennung

7.5.1 Netzwerke

In der Diskussion zum Training von Phonemmodellen aus kontinuierlich gesprochener Sprache hatten wir bereits gesehen, wie eine längere Äußerung durch Verkettung von Wortmodellen beschrieben wird. Nach dem gleichen Prinzip können Wortmodelle zur Erkennung verknüpft werden. Man spricht dann von Netzwerken. Ein Beispiel zeigt Bild 7.6. In diesem Netzwerk können die M Wörter des Vokabulars in beliebiger Folge auftreten (freilaufende Erkennung). Ein solches Netzwerk ist beispielsweise geeignet, um beliebige Ziffernfolgen zu erkennen. Die einzelnen Wortmodelle sind über zwei zusätzliche mit ε bezeichnete Knoten ver-

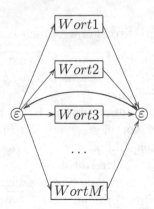

Abbildung 7.6: Freilaufende Erkennung mit M Wörtern

knüpft. Zu diesen Knoten gehören keine Wörter. Sie dienen lediglich der Vereinfachung der Struktur des Netzwerkes.

In Bild 7.7 ist ein Netzwerk für die Erkennung eines der Wörter aus dem Vokabular zur DTW-Übung (5.2) dargestellt. In diesem Fall kann jeweils nur ein Wort erkannt werden. Eine Erweiterung auf die Kombination von Fachname und Nummerierung bildet das Netzwerk in Bild 7.8 In diesem Netzwerk werden durch einen ε-Knoten alle Fächer mit allen drei Zahlwörtern verknüpft, so dass alle Kombinationen möglich sind. Soll nur ein Teil der Kombinationen erkannt werden, so kann man dementsprechende die Fachknoten nur mit den jeweils vorgesehenen Zahlwort-Knoten verbinden.

In den Beispielen sind alle Übergänge als gleichberechtigt angenommen. Eine unterschiedliche Auftrittswahrscheinlichkeit für die einzelnen Wörter kann modelliert werden, indem man die Kanten mit Wahrscheinlichkeitswerten belegt. Das Netzwerk selbst hat wiederum die Eigenschaften einer Markov-Kette. Die Übergänge zwischen den Wörtern erfolgen unabhängig von der Vorgeschichte. Auf die Möglichkeiten zur Beschreibung der Syntax von Eingaben mit Netzwerken oder alternativ dazu über Grammatiken werden wir in einem späteren Kapitel genauer eingehen.

Die Suche nach dem besten Pfad durch ein solches Netzwerk kann durch Erweiterung des Viterbi-Algorithmus erfolgen. Im Wesentlichen wird der Algorithmus dabei um zusätzliche Vergleiche auf Wortübergänge erweitert. Für den Anfangszustand q_1 eines Wortmodells wird dazu ein zusätzlicher Übergang aus dem besten Endzustand der Vorgängermodelle in Betracht gezogen. Eine für die Anwendung besonders geeignete Form ist die zeitsynchrone Suche [NMNP92]. Dabei wird die Suche im Zeittakt mit jedem neuen Merkmalsvektor weiter geführt.

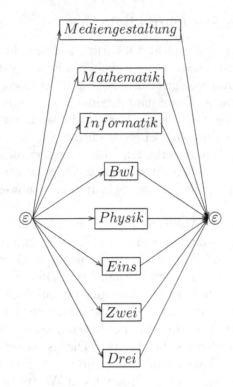

Abbildung 7.7: Netzwerk zur Erkennung eines Wortes aus dem Vokabular der DTW-Übung

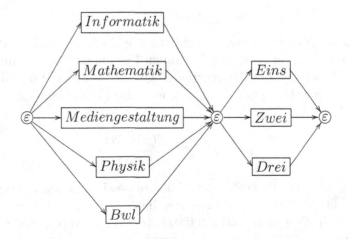

Abbildung 7.8: Netzwerk für Fächer mit Nummerierung *Eins* bis *Drei*

7.5.2   Statistische Sprachmodelle

Die Wörter eines Satzes folgen nicht willkürlich aufeinander sondern nach bestimmten Abhängigkeiten. Diese Abhängigkeiten können syntaktischer oder semantischer Natur sein. Ein wohlgeformter Satz gehorcht den Regeln der Grammatik der jeweiligen Sprache. Wenn man davon ausgeht, dass die zu erkennende Äußerung gemäß dieser Grammatik gebildet wurde, kann man viele ungrammatikalische Wortfolgen ausschließen. Bei gesprochener Sprache ist diese Voraussetzung nicht streng erfüllt. Häufig enthalten Äußerungen grammatikalische Fehler, oder sie bilden keine vollständigen Sätze. Aber auch Spontansprache folgt Regeln, auch wenn diese Regeln von denen der Schriftsprache abweichen und weniger streng sind.

Auch aus dem Inhalt der Äußerungen ergeben sich Ansatzpunkte, die möglichen Wörter einzugrenzen. Handelt es sich beispielsweise um eine Eingabe für ein Zugauskunftssystem, so sind Wörter wie Ortsnamen oder Bezeichnungen für Datumsangaben zu erwarten. Ein anderes Beispiel sind Diktiersysteme für spezielle Anwendungsgebiete. So verwendet ein Röntgenarzt zur Eingabe von Befunden ein anderes Vokabular als eine Notar beim Diktieren eines Kaufvertrags.

Dem Ansatz der statischen Modellierung folgend, kann man diese Abhängigkeiten durch Wahrscheinlichkeiten beschreiben. Dies ist gerade der Anteil $P(M_i)$ in Gleichung (6.18). Die Wahrscheinlichkeit für einen Satz mit der Wortfolge $M^1, \ldots, M^T$ lässt sich aufteilen in ein Produkt von Wortwahrscheinlichkeiten:

$$P(M^1, \ldots, M^T) = P(M^1) \cdot P(M^2|M^1) \cdot P(M^3|M^1, M^2) \cdot P(M^4|M^1, M^2, M^3) \cdot \ldots$$
$$(7.1)$$

Ausgehend von der Wahrscheinlichkeit für das erste Wort wird in jedem weiteren Wort mit

$$P(M^t|M^{t-1}, M^{t-2}, \ldots) \qquad (7.2)$$

die bis dahin aufgebaute Vergangenheit berücksichtigt. Zur Schätzung der Wahrscheinlichkeiten wird im Sinne des Maximum-Likelihood-Prinzips die Häufigkeit der einzelnen Wortfolgen in Referenztexten gezählt. Wenn $F()$ die Häufigkeit für das Auftreten bezeichnet, gilt dann beispielsweise für die bedingte Wahrscheinlichkeit bei einem Vorgänger

$$P(M^2|M^1) = \frac{F(M^2, M^1)}{F(M^1)} \qquad (7.3)$$

Das Problem dabei ist die große Anzahl der zu bestimmenden Parameter. Selbst bei einem nicht zu großen Vokabular von 1000 Wörtern resultieren theoretisch bereits 1.000.000 Wortpaare und 1.000.000.000 Dreiergruppen. Zwar können viele Wortfolgen grundsätzlich ausgeschlossen werden, aber eine zuverlässige und konsistente Schätzung der verbleibenden Werte würde immense Datenmengen erfordern. Daher ist man in der Praxis auf Näherungen angewiesen. Im einfachsten Fall bezieht man lediglich die Auftrittswahrscheinlichkeit für jedes Wort in die Erkennung ein. Aus (7.1) wird dann

$$P(M^1, \ldots, M^T) \approx P(M^1) \cdot P(M^2) \cdot P(M^3) \cdot P(M^4) \cdots \qquad (7.4)$$

Hierbei spielt die Reihenfolge der Wörter gar keine Rolle mehr. Zur besseren Modellierung betrachtet man die Wahrscheinlichkeit für Wort M^t bei gegebenen Vorgängern. Bei einer Folge der Länge zwei spricht man von einem Bigramm-Modell. Das Modell spezifiziert die Wahrscheinlichkeit für ein Wortpaar

$$P(M^t | M^{t-1}) \qquad (7.5)$$

so dass sich die Näherung

$$P(M^1, \ldots, M^T) \approx P(M^1) \cdot P(M^2|M^1) \cdot P(M^3|M^2) \cdot P(M^4|M^3) \cdots \qquad (7.6)$$

ergibt. Die Erweiterung zu drei Wörtern führt zu den Trigramm-Modellen. Allgemein spricht man von N-gramm-Modellen. Die Wahrscheinlichkeiten für die einzelnen Wörter ohne Bezug auf den Kontext werden dann als Unigramm-Modell bezeichnet. Formal entspricht ein Unigramm-Modell einer Markov-Kette mit der Ordnung Null. Zusammenfassend spricht man von einem statistischen Sprachmodell beziehungsweise *Language Model* (LM).

Unigramm- und Bigramm-Modelle können direkt mit der oben beschriebenen Form realisiert werden. Bei Trigramm-Modellen hängt die Wahrscheinlichkeit für einen Wortübergang aber nicht nur vom direkten Vorgänger sondern auch noch von dessen Vorgänger ab. Dies entspricht einer Markov-Kette zweiter Ordnung. Allerdings lässt sich für jede Markov-Kette zweiter Ordnung eine äquivalente Kette erster Ordnung konstruieren. Man muss dazu jedes Wort in entsprechend viele Kopien mit unterschiedlichen Vorgängern expandieren. Allgemein gilt, dass man jede Markov-Kette höherer Ordnung in eine äquivalente Kette erster Ordnung umformen kann. Somit lassen sich – wenn auch auf Kosten eines größeren Suchaufwandes – auch Modelle mit längerer Reichweite ohne prinzipielle Änderung in das Suchverfahren integrieren.

Ein statistisches Sprachmodell beschränkt bei gegebener Wortfolge die Auswahlmöglichkeiten für das nachfolgende Wort. Ein Bigramm-Modell beispielsweise gibt für jedes Wort des Vokabulars an, mit welcher Wahrscheinlichkeit die anderen Wörter folgen werden. Ordnet man alle Wörter in einem Netzwerk an, so werden die möglichen Wortpaare durch Übergänge mit entsprechender Wahrscheinlichkeit realisiert. Ohne Einschränkungen sind alle Wortpaare möglich, d. h. bei einem Wortschatz mit N Einträgen gibt es zu jedem Wort genau N Nachfolger. Verwendet man ein Bigramm-Modell, so wird die Auswahl eingeschränkt. Ein Maß für die Reduktion ist die Perplexität. Anschaulich lässt sich die Perplexität als die Anzahl der möglichen Fortsetzungen – gemittelt über alle Wörter – interpretieren. Ohne Einschränkungen nimmt die Perplexität den Maximalwert von N an. Jede Abweichung von der gleichverteilten Wahrscheinlichkeit für Wortübergänge führt zu einem niedrigeren Wert.

Tabelle 7.4: Gemessene Worthäufigkeiten einzelner Wörter

Rang	Wort	Häufigkeit in %
1	*die*	3.288
2	*der*	3.208
3	*und*	2.885
4	*in*	1.499
5	*das*	1.283
6	*zu*	1.135
7	*ist*	1.049
8	*sie*	1.049
9	*den*	1.019
10	*nicht*	0.9116
11	*von*	0.9016
12	*ich*	0.8991
13	*es*	0.8141
14	*wir*	0.777
15	*mit*	0.7739

Der Spracherkennung erleichtert eine niedrige Perplexität die Aufgabe, da dann nur noch die Auswahl aus einer eingeschränkten Menge von Wörtern aus dem gesamten Vokabular zu treffen ist. Die Sprachmodelle gewinnt man aus Textdaten, seien es Transkriptionen von gesprochenen Äußerungen oder geschriebene Texte. Das Modell wird um so besser passen, je ähnlicher die dabei verwendeten Texte den Äußerungen in der späteren Erkennung sind. Allerdings stehen häufig nur wenige Texte aus dem geplanten Szenario zur Verfügung, so dass man nicht ohne den Einsatz allgemeiner Daten auskommt.

Beispielhaft wurde an einer Anzahl von verschiedenen Texten die Worthäufigkeiten bestimmt. Insgesamt enthalten die Texte gut 3 Millionen Wörter mit 132478 verschiedenen Einträgen. Davon treten mit 64594 etwa die Hälfte aller Einträge nur ein einziges Mal auf. Tabelle 7.4 zeigt die 15 häufigsten Wörter. Erwartungsgemäß gehören die häufigsten Wörter zu den Artikeln, Pronomen und Partikeln.

Um einen Eindruck vom Anwachsen des Vokabulars zu gewinnen, wurde die Vokabulargröße V in Abhängigkeit vom Umfang der Textdaten ausgewertet. Bild 7.9 zeigt den gefundenen Verlauf. Auch bei den verwendeten mehr als 3 Millionen Wörtern in den Textdaten ist nur ein langsames Abschwächen des Vokabularwachstums festzustellen. Man kann davon ausgehen, dass mit weiteren Daten noch eine längere Zeit neue Wörter auftreten werden.

Ein ähnliches Bild erhält man bei den Wortpaaren. In der Datenbasis sind insgesamt 432.056 verschiedene Wortpaare enthalten. Bei der Mehrzahl davon

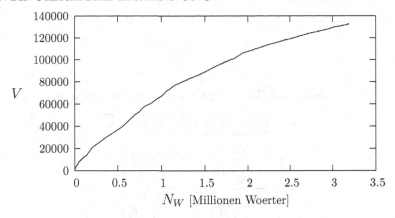

Abbildung 7.9: Anzahl V der gefundenen Wörter mit wachsendem Umfang der verwendeten Textdaten

(335.707) wurde nur jeweils ein einziges Vorkommen gezählt. Die häufigsten Wortpaare sind in Tabelle 7.5 aufgelistet.

In Tabelle 7.6 sind die Worthäufigkeiten und Bigramm-Wahrscheinlichkeiten für einen Beispielsatz zusammengestellt. Das erste Wort *automatische* ist 92-mal in dem Textkorpus enthalten. Darauf folgt in 15 Fällen das Wort *Spracherkennung*, so dass sich die bedingte Wahrscheinlichkeit zu

$$P(Spracherkennung|automatische) = 15/92$$

berechnet. In diesem Fall besteht – sicherlich bedingt durch die Art der verwendeten Texte – eine recht starke Bindung. Demgegenüber besteht für das Wort *aufgabe* nach *große* nur eine geringe Wahrscheinlichkeit. Der häufigste Nachfolger für *große* ist in dem Korpus das Wort *anzahl*. Diese Kombination ist 27-mal enthalten. Berücksichtigt man noch die Unigramm-Wahrscheinlichkeit für *automatische* mit 92 aus insgesamt 3.267.571 Wörtern, so erhält man für den gesamten Satz die Wahrscheinlichkeit von etwa $2,4 \cdot 10^{-13}$. Man kann die Sonderstellung des ersten Wortes beseitigen, indem man ein zusätzliches Symbol für Satzanfang einführt. Dann würde man die allgemeine Unigramm-Wahrscheinlichkeit durch die Wahrscheinlichkeit für *automatische* am Beginn eines neuen Satzes ersetzen.

Die Messungen an dem Beispielkorpus verdeutlichen die Problematik in der Schätzung der Parameter eines statistischen Sprachmodelles. Selbst bei sehr großen Mengen an Textdaten wird es nicht möglich sein, alle Wahrscheinlichkeiten zuverlässig zu schätzen. Ohne weitere Maßnahmen würde insbesondere die Wahrscheinlichkeit für alle nicht gesehenen Folgen auf Null gesetzt werden. Damit würde in der Erkennung diese Möglichkeit vollständig ausgeschlossen. Daher ist es notwendig, die Wahrscheinlichkeiten zu glätten. Ein Ansatz beruht auf der Kombination von Wahrscheinlichkeit für die unterschiedlich langen Wortfolgen.

Tabelle 7.5: Gemessene Wortpaar-Häufigkeiten

Rang	Wortpaar	Häufigkeit in %
1	*in der*	0.2849
2	*bei der*	0.2398
3	*für die*	0.1945
4	*in den*	0.1419
5	*und der*	0.1377
6	*und die*	0.1282
7	*das ist*	0.1233
8	*auf die*	0.1022
9	*von der*	0.1015
10	*mit dem*	0.0970
11	*mit der*	0.0867
12	*in die*	0.0818
13	*dass die*	0.0746
14	*ist die*	0.0725
15	*es ist*	0.0721

Tabelle 7.6: Unigramm- und Bigramm-Wahrscheinlichkeiten für die Wörter des Satzes *Automatische Spracherkennung ist eine große Aufgabe*

Unigramm	$F(M^i)$	Bigramm	$F(M^i, M^{i+1})$	$P(M^{i+1}|M^i)$
automatische	92			
spracherkennung	143	*auto. spracherk.*	15	0,1630
ist	34213	*spracherk. ist*	7	0,0490
eine	21701	*ist eine*	1152	0,0337
große	1032	*eine große*	243	0,0112
aufgabe	758	*große aufgabe*	3	0,0029

Beispielsweise gewinnt man die Trigramm-Wahrscheinlichkeiten für zu selten oder gar nicht beobachtete Sequenzen durch geeignete Interpolation der Uni- und Bigramm-Wahrscheinlichkeiten. Mit entsprechenden Koeffizienten $p_1, p_2, p_3 > 0$ und $p_1 + p_2 + p_3 = 1$ gilt dann

$$P(M^3|M^1, M^2) = p_3 \frac{F(M^1, M^2, M^3)}{F(M^1, M^2)} + p_2 \frac{F(M^2, M^3)}{F(M^2)} + p_1 \frac{F(M^3)}{\sum_i F(M^i)} \quad (7.7)$$

Die Koeffizienten können anhand der Referenzdaten optimiert werden. In einem anderen Ansatz werden für die ungesehenen Folgen kleine Wahrscheinlichkeiten eingesetzt. Beispielsweise kann man sie so behandeln, als wären sie einmal im Trainingskorpus enthalten. Allgemeiner wird zu jeder Zählrate $F()$ ein kleiner Wert δ addiert (*additive smoothing*). Aus (7.3) wird dann

$$
\begin{aligned}
P(M^2|M^1) &= \frac{\delta + F(M^2, M^1)}{\sum_i (\delta + F(M^1, M^i))} \\
&= \frac{\delta + F(M^2, M^1)}{V \cdot \delta + F(M^1)}
\end{aligned}
\quad (7.8)
$$

wobei V die Anzahl der Wörter im Vokabular bezeichnet.

Eine weitere Möglichkeit ist, die Anzahl der zu schätzenden Parameter durch Einführung von Kategorien zu reduzieren. Zusammengehörende Wörter werden dabei gemeinsam erfasst und nur noch die Wahrscheinlichkeiten zwischen den Kategorien behandelt. Dabei kann es sich um grammatikalische Kategorien (Verb, Substantiv) oder inhaltliche Kategorien (Wochentag, Ortsname, Eigenname) handeln. Entweder werden die einzelnen Kategorien vorgegeben oder automatisch aus den Referenztexten gelernt.

Insgesamt wurde eine Vielzahl von Ansätzen entwickelt, um das Problem der zuverlässigen Schätzung der Parameter eines Sprachmodells aus eigentlich unzureichend vielen Daten zu lösen. Verschiedene Erweiterungen zur Modellierung von Abhängigkeiten mit längerer Reichweite wurden erprobt. Ausführlich wird die Thematik im Buch von Jelinek [Jel98] behandelt. Einen vergleichenden Überblick verschiedener Techniken zur Glättung geben Chen und Goodman [CG96].

Die oben eingeführte Perplexität lässt sich an Hand von Testdaten berechnen (Testset-Perplexität). Im Beispiel von Diktiersystemen mit Wortschätzen in der Größenordnung von 20000 Einträgen erreicht man durch statistische Sprachmodelle eine Reduktion der Perplexität auf etwa 200 bis 300. Die Perplexität gibt allerdings nur einen Mittelwert an. Im Einzelnen wird die Anzahl der möglichen Nachfolger stark schwanken. Betrachtet man den Anfang *Sehr geehrter*, so wird mit hoher Wahrscheinlichkeit das nächste Wort *Herr* sein. Für den darauf folgenden Eigennamen kommen aber wieder sehr viele Möglichkeiten in Betracht.

7.5.3 Effiziente Suche

Mit wachsender Größe des Vokabulars nimmt der Suchaufwand immer weiter zu. Bei der Verwendung von Trigramm-Modellen müssen zusätzlich stets mehrere Kopien der Wörter mit unterschiedlichen Vorgängern berücksichtigt werden. Damit stößt man früher oder später an die Grenze der zur Verfügung stehenden Rechenleistung. Zur Beschleunigung der Suche kann man den Suchraum einschränken. Bei der Strahlsuche (*beam search*) sortiert man zu jedem Zeitpunkt die bis dahin berechneten Pfade nach ihrer Wahrscheinlichkeit. In guter Näherung kann man annehmen, dass bis dahin sehr unwahrscheinliche Pfade nicht mehr zu einem guten Gesamtergebnis führen werden. Daher kann man alle Pfade, die einen zu großen Abstand zu dem derzeit besten Pfad haben, beenden. Nur Pfade in einem Strahl um den besten Pfad werden weiter verfolgt.

Durch die Wahl der Breite des Strahls kann man die Anzahl der verbleibenden Pfade regulieren. Ein enger Strahl bewirkt eine stärkere Aufwandsreduktion. Allerdings steigt dann die Gefahr, den global optimalen Pfad durch zu frühes Beschneiden zu verlieren. Bei geeigneter Einstellung der Suchbreite kann der Rechenaufwand nahezu ohne Verlust an Erkennungsgenauigkeit signifikant reduziert werden.

7.6 Schnittstelle zu anderen Modulen

7.6.1 N-Besten Wortfolgen

Zum Abschluss dieses Kapitels soll kurz auf die Schnittstelle eines Spracherkennungsmoduls zu den anderen Modulen eingegangen werden. Ein Erkennungsmodul benötigt den aktiven Wortschatz sowie die Information über eventuelle Einschränkungen der Wortfolgen. Diese Informationen können innerhalb einer größeren Anwendung durchaus dynamisch verändert werden. So kann ein Dialogsystem abhängig vom aktuellen Dialogstand unterschiedliche Sprachmodelle vorgeben.

Das Ergebnis der Spracherkennung ist die wahrscheinlichste Wortfolge. In vielen Fällen ist es hilfreich, darüber hinaus noch Informationen über Alternativen zu bekommen. Wird beispielsweise in der weiteren Verarbeitung auf höherer Ebene die wahrscheinlichste Wortfolge als nicht sinnvoll verworfen, so können die besten Alternativen herangezogen werden. Eine mögliche Realisierung sind Listen mit den N besten Wortfolgen (N-best list). Diese Listen lassen sich effizient durch eine Erweiterung des Viterbi-Algorithmus bestimmen [SC90]. Der Erkenner liefert dann eine nach Wahrscheinlichkeiten geordnete Liste von Wortfolgen. Nachfolgende Module bearbeiten diese Liste, bis sie eine plausible Folge gefunden haben.

In [Eul94] wurde dieser Ansatz in einem System zur Erkennung buchstabierter Namen eingesetzt. Für den Fall der Namenserkennung besteht im einfachsten

Fall die Überprüfung der Hypothesen im Nachschauen, ob ein entsprechender Name im Lexikon vorhanden ist. Die Liste der Hypothesen wird, beginnend mit der wahrscheinlichsten Hypothese, solange durchsucht, bis eine in diesem Sinne gültige Lösung gefunden wird [JLM93]. Sollte unter den generierten N Hypothesen keine gültige Lösung sein, werden entweder weitere Hypothesen von der akustischen Erkennung angefordert, oder die Eingabe wird zurückgewiesen.

Eine Schwierigkeit ergibt sich aus den verschiedenen Möglichkeiten, einen Namen zu buchstabieren. Im Hinblick auf eine hohe Akzeptanz sollte es dem Benutzer weitgehend möglich sein, in für ihn vertrauter Art und Weise zu buchstabieren. Daher müssen beispielsweise Umlaute und Konstruktionen mit „*DOPPEL*" bei Buchstabenwiederholung von dem System erkannt werden. Schließlich sollte bei langen Namen und insbesondere bei den zunehmend häufigeren Doppelnamen ein teilweises Buchstabieren vorgesehen werden.

Daher wurde zwischen Hypothesengenerierung und Lexikon ein Modul zur Reduktion der Hypothesen auf eine Standardschreibweise eingefügt. Als Standard wurde dabei die ASCII–Schreibweise ohne deutsche Sonderzeichen festgelegt. Die Reduktionsregeln beinhalten das Auflösen der Umlaute sowie der Konstruktionen mit „*DOPPEL*". Ein praktischer Vorteil dieses Ansatzes ist, dass derartige Reduktionsregeln leicht aufzustellen und einfach zu implementieren sind. Als Nachteil muss man dafür in Kauf nehmen, dass durch die lose Kopplung während der akustischen Erkennung die Lexikoninformationen noch nicht zur Verfügung stehen. Daher werden u.U. viele unnötige Hypothesen generiert. Andererseits kann die zusätzliche Information in einem praktischen Einsatz genutzt werden, um die Sicherheit der Erkennung abzuschätzen. Liegt etwa die beste gültige Hypothese zu weit von der Tophypothese, kann die gesamte Eingabe als zu unsicher zurückgewiesen werden.

In seltenen Fällen führt die Beschränkung auf die Standardschreibweise dazu, dass Namen mit ursprünglich unterschiedlicher Schreibweise zusammenfallen (z. B. Goethe und Göthe). Derartige Mehrdeutigkeiten sind aber bei dem Zugriff auf beispielsweise ein Telefonbuch ohnehin zu erwarten und müssen gegebenenfalls in der Anwendung durch Angabe von Zusatzinformationen (Vorname, Adresse) aufgelöst werden.

In Bild 7.10 ist der Aufbau des Systems zusammen mit einem typischen Beispiel dargestellt. In diesem Fall sind N–Ü–DOPPEL–L–E und M–Ü–DOPPEL–L–E die beiden wahrscheinlichsten Hypothesen. Nach der Umsetzung in die Standardschreibweise wird N–U–E–L–L–E abgelehnt, weil kein dazu passender Name im Lexikon enthalten ist. In diesem Beispiel ist bereits ein unvollständiges Buchstabieren vorgesehen. Bei dem Lexikonvergleich werden Hypothesen automatisch ergänzt, so dass der Benutzer alle Einträge, die mit der erkannten Buchstabenfolge beginnen, als Ausgabe erhält.

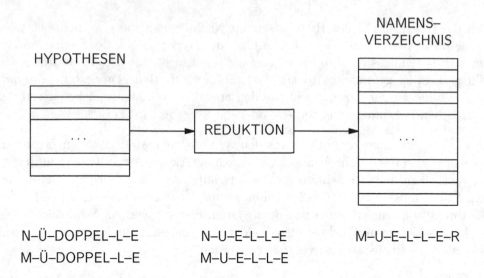

N–Ü–DOPPEL–L–E   N–U–E–L–L–E   M–U–E–L–L–E–R
M–Ü–DOPPEL–L–E   M–U–E–L–L–E

Abbildung 7.10: Aufbau des Systems zur Namenserkennung

7.6.2 Wordhypothesengraph

Ein Problem bei dem N-Best-Ansatz ist, dass unter Umständen sehr viele Hypothesen untersucht werden müssen. Bei längeren Wortfolgen wächst die Anzahl der
Kombinationen sehr schnell an. Betrachtet man bei einem Satz der Länge L für
jedes Wort nur zwei Alternativen, so ergeben sich bereits 2^L Satzhypothesen. Eine
kompaktere Darstellung erlauben so genannte Wordhypothesengraphen (WHG)
oder kurz Wortgraphen. In einem Wortgraph sind einzelne Worthypothesen eingetragen. Anfangs- und Endzeitpunkt eines Wortes bilden zwei Knoten im Graphen,
und die Kante dazwischen wird mit der Auftrittswahrscheinlichkeit dieses Wortes belegt. Sinnvollerweise sind die Knoten untereinander verknüpft, so dass jeder
Endknoten gleichzeitig Anfangsknoten für ein weiteres Wort ist. Jeder komplette
Pfad durch den WHG bildet dann eine Satzhypothese. Die Wahrscheinlichkeit für
einen kompletten Pfad berechnet sich dann als Summe der Wahrscheinlichkeiten
aller benutzten Kanten. In Bild 7.11 ist beispielhaft der Wordhypothesengraph
für eine Erkennung mit dem Netzwerk aus Bild 7.8 wiedergegeben. In dieser Darstellung sind die berechneten Wahrscheinlichkeiten beziehungsweise deren Loga-
rithmen an den Kanten eingetragen.

Neben dem Vorteil der kompakteren Darstellung bietet der WHG die größere
Flexibilität. So können andere Module einen WHG verändern. Beispielsweise kann
ein komplexeres Sprachmodell zur Umbewertung der Wortwahrscheinlichkeiten
eingesetzt werden. Im Projekt Verbmobil wurde ein Prosodie-Modul eingesetzt,
um den vom Spracherkenner gelieferten WHG um prosodische Informationen zu
ergänzen [BBN+00]. Unter anderem wurden dabei längere Äußerungen für die
einfachere Weiterverarbeitung in einzelne Sätze aufgeteilt.

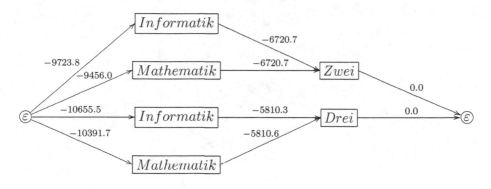

Abbildung 7.11: Beispiel eines Wordhypothesengraphen für das Netzwerk aus Bild 7.8

7.7 Übungen

Übung 7.1 *Wie viele Knoten und Kanten benötigt man in einem Wordhypothesengraphen für einen Satz der Länge L mit jeweils zwei Wortalternativen?*

Übung 7.2 *Konstruieren Sie ein Netzwerk, das sechsstellige Nummern gesprochen in einzelnen Zahlen (Drei, Sieben, . . .) erkennt.*

Übung 7.3 *Ein Spracherkenner soll die Nummern von Kreditkarten erkennen. Diese Nummern beinhalten einen komplizierten Prüfmechanismus. Wie könnte die dadurch gegebene Prüfung auf zulässige Nummern in das System integriert werden?*

Kapitel 8

Syntax

8.1 Einleitung

Mit den statistischen Sprachmodellen und Netzwerken haben wir erste Möglichkeiten kennen gelernt, um die möglichen Wortfolgen einzuschränken. Je nach Anwendung ergeben sich unterschiedliche Freiheitsgrade für die Eingabe. Ein Command and Controll-System auf der einen Seite akzeptiert nur wenige, spezielle
Befehle. Auf der anderen Seite sollte ein Diktiersystem idealerweise dem Anwender keine Beschränkungen auferlegen. Allerdings wird auch in diesem Fall die
Erkennungsleistung durch eine Beschränkung auf grammatikalisch korrekte Sätze in aller Regel verbessert. Ist in diesem Fall nur eine Prüfung auf Korrektheit
das Ziel, so gilt es bei Dialogsystemen – wie z. B. Kino- oder Zugauskunft – die
Eingaben auf ihren Inhalt zu analysieren, um die gewünschte Antwort geben zu
können.

In diesem Kapitel werden Möglichkeiten zur Beschreibung syntaktischer Regeln vorgestellt. Nach einer kurzen, allgemeinen Einführung werden spezielle
Grammatikformate zur Verwendung in Systemen zur Spracherkennung vorgestellt. Die Grundlagen – formale Sprachen und Automaten – sind Gegenstand
der theoretischen Informatik (siehe z. B. die Einführung von Vossen und Witt
[VW02]). Abschließend wird die Erweiterung mit Merkmalsstrukturen vorgestellt.

8.2 Grundlagen

Ausgangspunkt unserer Betrachtungen ist ein Vokabular von Wörtern. Für die
Menge der Wörter führen wir die Bezeichnung Σ gemäß

$$\Sigma = \{a, b, c, \ldots, n\} \tag{8.1}$$

ein. In der Terminologie der theoretischen Informatik handelt es sich hierbei um
ein Alphabet von Buchstaben. Aus diesen Buchstaben werden Wörter gebildet.
Für unsere Betrachtungen sind jedoch die Wörter die atomaren Einheiten, aus

denen wiederum Sätze gebildet werden. Um diese Doppeldeutigkeit zu vermeiden, kann man allgemein von Symbolen sprechen. Ein einfaches Beispiel ist das Vokabular mit nur zwei Einträgen

$$\Sigma_d = \{null, eins\} \tag{8.2}$$

Indem man die beiden Wörter aneinander reiht, lassen sich mit diesem Vokabular alle möglichen Binärzahlen darstellen:

$$
\begin{aligned}
&null \\
&eins \\
&null\ eins \\
&eins\ null \\
&null\ null\ null\ eins \\
&\dots
\end{aligned}
\tag{8.3}
$$

Alle diese Folgen zusammen bilden wiederum eine Menge, die als Σ^+ bezeichnet wird. Nimmt man noch die leere Folge ε hinzu, so erhält man die Menge Σ^* (Kleene-Stern-Produkt, benannt nach Stephen C. Kleene, 1909-1998). Diese unendlich große Menge enthält alle möglichen Folgen. Jede Einschränkung der Abfolge wählt eine Teilmenge von Σ^* aus. Ein Beispiel ist die Menge B der Bytes, das heißt alle Folgen von 8 Symbolen aus unserer Menge Σ_d:

$$
B = \{ \quad
\begin{aligned}
&null \quad null \quad null \quad null \quad null \quad null \quad null \quad null, \\
&eins \quad null \quad null \quad null \quad null \quad null \quad null \quad null, \\
&\dots \hspace{10cm} \}
\end{aligned}
\tag{8.4}
$$

Eine solche Menge von Symbolfolgen definiert eine Sprache. Weitere Beispiele sind die Bytes mit gerader Parität oder die Sprache

$$B_n = \{null^n\ eins^n\} \tag{8.5}$$

mit jeweils zwei gleich langen Blöcken von Nullen und Einsen. Die Schreibweise a^n ist ein Abkürzung für n aufeinander folgende Symbole a.

In den allermeisten Fällen ist die vollständige Aufzählung aller Folgen einer Sprache nicht praktikabel. Gesucht sind daher andere Möglichkeiten, die Sprache zu beschreiben. Noam Chomsky (amerikanischer Linguist, geb. 1928) entwickelte das Konzept der generativen Grammatiken. Dabei definiert eine Grammatik für eine Sprache ein Regelwerk, nach dem alle möglichen Folgen konstruiert werden können. Die verschiedenen Typen von Grammatiken wurden von Chomsky nach der Komplexität der Regeln klassifiziert.

Eine Grammatik ist eine gut geeignete Darstellungsform, um Folgen (in unserem Fall Sätze) zu generieren. Für die umgekehrte Fragestellung, ob eine gegebene Folge von der Grammatik abgedeckt ist, ist diese Darstellung weniger nutzbar. Eine solche Prüfung lässt sich sehr viel einfacher mit Automaten durchführen. Wenn es möglich ist, für eine Grammatik einen Automaten zu konstruieren, dann kann dieser vorteilhaft zur Akzeptanzprüfung verwendet werden. Es erweist sich, dass für die von Chomsky eingeführte Hierarchie von Grammatiken eine Äquivalenz zu einer Hierarchie von Automaten besteht. Für jede Grammatik lässt sich ein entsprechender Automat konstruieren, der nur die von dieser Grammatik erzeugten Folgen akzeptiert. Welcher Typ von Automat dazu im Einzelfall notwendig ist, hängt von der Einordnung der Grammatik in die Hierarchie ab.

Im Folgenden werden zunächst einige allgemeine Grundlagen sowie die beiden praktisch wichtigen Typen reguläre und kontextfreie Grammatiken vorgestellt. Anschließend wird auf Erweiterungen speziell zum Einsatz für die Spracherkennung eingegangen. Zuvor noch eine allgemeine Bemerkung. Der Vorgang der syntaktischen Analyse wird als Parsing bezeichnet, ein entsprechendes Programm ist ein Parser. Parser verwendet man auch zur Analyse von Programmen oder etwa HTML-Dokumenten. Bei der eingeschränkten Aufgabe, nur die einzelnen Wortarten zu bestimmen, spricht man von Tagging oder Part-of-speech tagging.

Der Parser setzt auf die Folge von atomaren Symbolen – den so genannten Terminals, oder Tokens – auf. Diese Symbole werden in einem ersten Schritt durch eine lexikalische Analyse der Eingabe gewonnen. Das zugehörige Programm wird als lexikalischer Scanner oder kurz Scanner bezeichnet. Dabei besteht ein gewisser Spielraum, Strukturen entweder bereits auf der lexikalischen Ebene oder erst auf der syntaktischen Ebene zu behandeln. So gibt es gute Gründe, bestimmte Kombinationen von mehreren Wörtern zu einem Symbol zusammenzufassen. Typische Beispiele sind Ortsnamen wie *New York* oder *Bad Nauheim*. Die Grammatik wird überschaubarer, wenn solche Namen bereits vom Scanner als zusammengehörig erkannt werden.

8.3 Grammatiken

Eine Grammatik enthält eine Reihe von Produktionsregeln. Die Regeln haben die Form

$$l \rightarrow r \tag{8.6}$$

mit der Bedeutung „der Ausdruck l auf der linken Seite wird durch r ersetzt". Eine solche Regel ist

$$SATZ \rightarrow HAUPTSATZ \ weil \ NEBENSATZ \ ,$$

d. h. ein Satz wird durch einen Hauptsatz, das Wort *weil* und einen Nebensatz ersetzt. In diesem Fall ist nur das Wort *weil* ein Terminalsymbol. Die beiden Symbole *SATZ* und *NEBENSATZ* sind syntaktische Kategorien, die durch Anwendung von Produktionsregeln weiter aufgelöst werden. Daher wird dieser Typ von Symbolen als Nichtterminalsymbol oder einfach Nichtterminal bezeichnet. Die Nichtterminals und die Regeln können wieder als Mengen betrachtet werden.

Tabelle 8.1: Einfache Grammatik

Σ	der, die, mann, katze, geht
N	S, NP, DET, N, V
P	S → NP V
	NP → DET N
	DET → der
	DET → die
	N → Mann
	N → Katze
	V → geht
S	S

Dann ist eine Grammatik G bestimmt durch die drei Mengen Σ, N und P für die Terminals, Nichtterminals und Produktionsregeln. Zusätzlich benötigt man noch einen Startpunkt S für die Anwendung der Regeln. Zusammenfassend gilt dann

$$G = (\Sigma, N, P, S) \qquad (8.7)$$

Betrachten wir das einfache Beispiel in Tabelle 8.1. Ausgangspunkt ist das Nichtterminalsymbol S. Darauf kann nur eine Regel angewandt werden:

$$S \rightarrow NP\ V$$

Aus den beiden Regeln für NP und V folgt wiederum

$$DET\ N\ geht$$

Sowohl für DET als auch N stehen zwei Regeln zur Verfügung. Die weitere Ableitung ist nicht mehr eindeutig. Mögliche Ergebnisse sind

$$der\ mann\ geht$$

oder

$$die\ katze\ geht$$

Der Ableitungsprozess endet, wenn der Ausdruck nur noch Terminals enthält. Jeder so generierte Satz gehört zur Grammatik. Im Allgemeinen ist nicht garantiert, dass jede Ableitung zu einem legalen Ergebnis führt. Es können bei der Ableitung Nichtterminals übrig bleiben, für die keine passenden Regeln spezifiziert sind. Das Resultat lässt sich als Ableitungsbaum darstellen, bei dem das Startsymbol S die Wurzel und die Terminalsymbole die Blätter bilden.

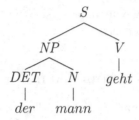

8.3.1 Einseitig lineare Grammatiken

Die Definition 8.7 gilt für alle Grammatiken der Chomsky-Hierarchie. Die einzelnen Typen unterscheiden sich in den Einschränkungen für die Produktionsregeln. Die einfachsten Grammatiken - Typ 3 - sind dadurch gekennzeichnet, dass die Ableitungen nur in eine Richtung erfolgen. Alle Regeln haben bei einer rechtslinearen Grammatik die Form

$$A \rightarrow w \qquad (8.8)$$
$$A \rightarrow wB$$

mit $A, B \in N$ und $w \in \Sigma^*$. In jeder Regel steht auf der linken Seite ein Nichtterminal und auf der rechten Seite entweder ein Ausdruck mit Terminals alleine oder ein solcher Ausdruck gefolgt von einem Nichtterminal. Die möglichen Folgen sind gleichfalls durch so genannte reguläre Ausdrücke beschrieben, und man spricht daher auch von regulären Sprachen. Äquivalent zu den rechts-linearen Grammatiken sind die links-linearen Grammatiken, bei denen die zweite Grundform der Regeln $A \rightarrow Bw$ ist.

Zu jeder einseitig linearen Grammatik existiert ein endlicher Automat (*Finite State Machine*, FSM), der die mit der Grammatik verträglichen Folgen akzeptiert. Begrenzt wird die Darstellungsmöglichkeit der endlichen Automaten durch das fehlende Gedächtnis. Ein endlicher Automat verfügt über keinen expliziten Speicher. Die Information liegt lediglich im aktuellen Zustand. In Folge dieser Beschränkung sind Ausdrücke, die eine Information über die bisherige Folge verwenden, im Allgemeinen nicht abgedeckt.

Ein Musterbeispiel ist die Menge von Ausdrücken $\{a^n b c^n\}$, bei der die Symbole a und c genau gleich oft auftreten. Sofern es für n keine Beschränkung gibt, kann man keinen endlichen Automaten konstruieren, der diese Bedingung prüft. Es gibt keine Möglichkeit, die Anzahl der gesehenen Zeichen a zu speichern. In der Grammatik liegt die Beschränkung im einseitigen Wachstum der Regeln. Die eigentlich benötigte Regel in der Art $A \rightarrow aAc$ widerspricht dem Konstruktionsprinzip von einseitig linearen Grammatiken.

Beispiele für derartige Fälle in Programmiersprachen sind Ausdrücke mit Klammern. Setzt man für a (und für c), so erhält man die Form $\{(^n b)^n\}$. Es wird also verlangt, dass für jede öffnende Klammer wieder eine schließende Klammer gesetzt ist. Ohne Begrenzung von n lässt sich eine solche Sprache nicht durch eine reguläre Grammatik beschreiben.

8.3.2 Kontextfreie Grammatiken

In einer kontextfreien Grammatik (*Context-Free Grammar*, CFG) steht auf der linken Seite genau ein Nichtterminal. Auf der rechten Seite kann im Allgemeinen ein beliebiger Ausdruck aus Terminalen und Nichtterminalen stehen:

$$A \rightarrow w, \ A \in N, \ w \in (\Sigma \cup N)^* \tag{8.9}$$

Wie der Name bereits besagt, spielt bei der Anwendung der Regeln der jeweilige Kontext keine Rolle. Bei der Ersetzung eines Nichtterminals A wird keine Information über dessen Vorgänger oder Nachfolger einbezogen. Per Definition ist auch eine Regel in der Form $A \rightarrow aAc$ erlaubt, so dass damit auch Ausdrücke in der Form $\{a^n b c^n\}$ abgedeckt sind. Äquivalent zu den kontextfreien Grammatiken sind die Kellerautomaten. Ein Kellerautomat ist ein endlicher Automat mit einem zusätzlichen, unbegrenzt großen Kellerspeicher. In jedem Schritt wird das oberste Zeichen im Kellerspeicher gelesen. Mit dem Zustandswechsel wird eine Folge von Zeichen in den Speicher geschrieben. Mit diesem Speicher lässt sich der Zähler realisieren, der zur Prüfung paarweise auftretender Symbole benötigt wird.

Eine einfache kontextfreie Grammatik G ist in Tabelle 8.2 angegeben. Die Grammatik enthält die sechs angegebenen Terminals und als Nichtterminals die Kategorien

S	Ein vollständiger Satz
NP	Nominalphrase
VP	Verbalphrase
N	Nomen
V	Verb
DET	Determinierer

Die dadurch definierte Sprache D umfasst mehr oder weniger sinnvolle Sätze wie beispielsweise

$$
D = \{ \quad \begin{aligned}
&die\ aktie\ steigt, \\
&die\ aktie\ erreicht\ das\ kursziel, \\
&das\ aktie\ steigt \\
&das\ aktie\ erreicht\ die\ aktie, \\
&\ldots \} \ .
\end{aligned}
\tag{8.10}
$$

Tabelle 8.2: Kontextfreie Grammatik G

Σ	*aktie, steigt, erreicht, die, das, kursziel*
N	$S,\ NP,\ VP,\ DET,\ N,\ V$
P	$S \rightarrow NP\ VP$
	$NP \rightarrow DET\ N$
	$VP \rightarrow V$
	$VP \rightarrow V\ NP$
	$DET \rightarrow das$
	$DET \rightarrow die$
	$N \rightarrow aktie$
	$N \rightarrow kursziel$
	$V \rightarrow erreicht$
	$V \rightarrow steigt$
S	S

8.3.3 Wortproblem

Von großer Bedeutung ist das Wortproblem:

- Kann man für eine gegebene Symbolfolge entscheiden, ob sie in der Grammatik enthalten ist? Formal ausgedrückt: Gilt für eine Folge $w \in \Sigma^*$ und eine Grammatik G entweder $w \in L(G)$ oder $w \notin L(G)$?

Eine Grammatik, bei der nicht für jede Folge eine entsprechende Entscheidung getroffen werden kann, ist nur von eingeschränktem praktischen Nutzen. Bei regulären und bei kontextfreien Grammatiken ist das Wortproblem entscheidbar. Dies ist keineswegs selbstverständlich. So ist bei den allgemeineren rekursivaufzählbaren Grammatiken (Chomsky Typ-0) das Wortproblem nicht entscheidbar.

Darüber hinaus lässt sich auch eine Aussage über den dazu notwendigen Rechenaufwand treffen. Bei regulären Grammatiken ist die Komplexität für die Lösung des Wortproblems von der Ordnung $O(N)$, wobei N die Länge der Folge bezeichnet. Demgegenüber gilt bei kontextfreien Grammatiken im Allgemeinen die Ordnung $O(N^3)$. Dies ist bereits ein beträchtlicher Aufwand. Allerdings kann man mit einer Einschränkung der Kellerautomaten eine wesentliche Reduktion erreichen. Dazu wird verlangt, dass zu jeder Kombination von Zustands, Eingangs- und Kellersymbol genau eine Folgeaktion gehört. Man spricht dann von deterministischen Kellerautomaten (*Deterministic Pushdown Automaton*, DPDA). Dann hat die Komplexität die Form $O(N)$.

8.4   Grammatiken für Sprachanwendungen

Sowohl reguläre als auch kontextfreie Grammatiken können für die syntaktische Analyse eingesetzt werden. Für die regulären Grammatiken spricht, dass der zugehörige endliche Automat sich als Netzwerk direkt in die Erkennung integrieren lässt. Andererseits macht die Beschränkung bezüglich der Regeln die Grammatiken weniger leistungsfähig und gleichzeitig umständlicher und unübersichtlicher. So gesehen ist die Verwendung kontextfreier Grammatiken vorzuziehen.

Allerdings ist die Integration von kontextfreien Grammatiken in den Erkennungsprozess nicht ganz so einfach. Eine Möglichkeit – die in solchen Fällen immer besteht – ist, den Erkennungsprozess in ein zweistufiges Verfahren aufzuteilen. In einem ersten Durchgang wird eine Erkennung ohne Grammatik oder mit einer einfachen Grammatik durchgeführt. Das Resultat wird, wie in Abschnitt 7.6 beschrieben, entweder als N-besten Liste oder Wordhypothesengraph abgespeichert. In einem zweiten Durchgang wird dann geprüft, welche dieser Hypothesen im Sinne der spezifizierten Grammatik korrekt sind. Als Alternative können durch entsprechende Modifikationen der Suche einstufige Verfahren realisiert werden [Ney91] [JWS⁺95] [FHW04].

Bei den im Folgenden vorgestellten Grammatikformate zur Spracherkennung wurde ein pragmatischer Mittelweg gewählt. Die Regeln können im Prinzip nach der Vorschrift (8.9) für kontextfreie Grammatiken gebildet werden. Intern wird daraus aber eine reguläre Grammatik beziehungsweise der zugehörige endliche Automat gebildet. Dies ist für nahezu alle praktisch relevanten Fälle möglich. Rekursive Regeln in der Form $A \rightarrow aAc$, die mit diesem Vorgehen nicht unterstützt werden, dürfen allerdings nicht verwendet werden. Auf diese Art und Weise ist sowohl die komfortable Konstruktion der Grammatik als auch die effiziente Realisierung möglich.

8.4.1   Java Speech Grammar Format

Ein Standard zur Spezifikation von einfachen Grammatiken ist das von der Firma Sun Microsystems in Zusammenarbeit mit Anbietern von Sprachtechnologien entwickelte Java Speech Grammar Format (JSGF) [Sun98b]. Im Prinzip können damit reguläre Sprachen definiert werden, wobei allerdings eine größere Freiheit in der Formulierung der Regeln besteht. Die Regeln haben die allgemeine Form

```
<ruleName> = ruleExpansion ;
```

Auf der linken Seite steht zwischen den spitzen Klammern der Name einer Regel und auf der rechten Seite die Erweiterung. Die Erweiterung kann Folgen oder Alternativen von Regeln oder Terminals (hier als Tokens bezeichnet) enthalten. Weiterhin können die Operatoren + und * für Wiederholungen verwendet werden. Ausdrücke können durch Klammern zu Gruppen zusammengefasst werden. Dabei bezeichnen eckige Klammern optionale Elemente. Dem Manual ist das folgende Beispiel entnommen:

```
<command> = <action> <object>;
<action> = /10/ open |/2/ close |/1/ delete |/1/ move;
<object> = [the | a] (window | file | menu);
```

Einige Beispielsätze dazu sind:

> *open a file*
> *close the menu*
> *delete window*

Die Zahlenwerte zwischen den Schrägstrichen geben eine Gewichtung für die Wahrscheinlichkeit der verschiedenen Alternativen an. Die Grammatik spezifiziert beispielsweise, dass der Befehl *open* 10 mal wahrscheinlicher als der Befehl *move* ist. Diese zusätzliche Information kann das Modul zur Spracherkennung bei der Suche nach der besten Hypothese in die Berechnungen einbeziehen.

8.4.2 Speech Recognition Grammar Specification

Abgeleitet von JSGF ist der W3C-Standard *Speech Recognition Grammar Specification, SRGS* [HM04]. Die Grammatiken können wahlweise als *Augmented BNF*[1] (ABNF) oder XML angegeben werden. Laut Spezifikation muss eine standard-konforme Implementierung nicht den Umfang kontextfreier Grammatiken unterstützen. Das folgende Beispiel aus der Dokumentation[2] zeigt zunächst die ABNF-Form.

```
#ABNF 1.0 UTF-8;

language en;
mode voice;
root $basicCmd;

meta "author" is "Stephanie Williams";

/**
 * Basic command.
 * @example please move the window
 * @example open a file
 */
```

---

[1]Backus-Naur-Form, benannt nach John Backus und Peter Naur
[2]http://www.w3.org/TR/speech-grammar/

```
public $basicCmd =
  $<http://grammar.example.com/politeness.gram#startPolite>
  $command
  $<http://grammar.example.com/politeness.gram#endPolite>;

$command = $action $object;
$action = /10/ open {TAG-CONTENT-1} | /2/ close {TAG-CONTENT-2}
        | /1/ delete {TAG-CONTENT-3} | /1/ move {TAG-CONTENT-4};
$object = [the | a] (window | file | menu);
```

Gleichwertig kann die Grammatik in einem XML-Format spezifiziert werden. Für die Regeln ergibt sich folgender Abschnitt:

```
<rule id="command">
  <ruleref uri="#action"/> <ruleref uri="#object"/>
</rule>

<rule id="action">
   <one-of>
      <item weight="10"> open    <tag>TAG-CONTENT-1</tag> </item>
      <item weight="2">  close   <tag>TAG-CONTENT-2</tag> </item>
      <item weight="1">  delete  <tag>TAG-CONTENT-3</tag> </item>
      <item weight="1">  move    <tag>TAG-CONTENT-4</tag> </item>
   </one-of>
</rule>

<rule id="object">
  <item repeat="0-1">
    <one-of>
      <item> the </item>
      <item> a </item>
    </one-of>
  </item>

  <one-of>
      <item> window </item>
      <item> file </item>
      <item> menu </item>
  </one-of>
</rule>
```

8.4.3 HTK-Grammatik

In der Entwicklungsumgebung HTK (Näheres siehe Kapitel 9) wird ein eigenes Grammatik-Format verwendet. Im Prinzip ist es sehr ähnlich dem JSGF mit einer anderen Notation. Als Beispiel soll die folgende Grammatik für die Kombination aus Fachname und Jahr dienen:

```
/* Einfache Beispiel-Grammatik fuer HTK */
$jahr = Eins | Zwei | Drei;
$fach = Informatik | Mathematik | Mediengestaltung | Physik | Bwl;
( $fach $jahr )
```

8.5 Merkmalsstukturen

Die Sätze (8.10) aus der obigen Beispielsgrammatik G entsprachen nicht alle der deutschen Grammatik. Ein Satz wie *das aktie steigt* lässt sich zwar aus G ableiten, enthält aber eine falsche Kombination von Artikel und Nomen. Die Regel

$$NP \rightarrow DET\ N$$

ist zu allgemein. Grundsätzlich könnte man die Grammatik verfeinern, indem man die allgemeine Regel durch eine Anzahl von spezielleren Regeln ersetzt. Bei entsprechender Zuordnung der Terminals zu spezielleren Kategorien würde dann eine Regel

$$NP \rightarrow DET\_sing\_fem\ N\_sing\_fem$$

nur die korrekte Kombination zulassen. Allerdings würde dies zu einer unüberschaubar großen Menge an Regeln führen. Effizienter ist es, die Merkmale in die Symbole zu integrieren. Anstelle eines allgemeinen Symbols N kann dann für das Wort *Aktie* eine Struktur mit mehreren Merkmalen verwendet werden. Üblicherweise fasst man die Merkmalsspezifikationen als Merkmalsstruktur in Form einer Matrix zusammen. Das Wort *Aktie* kann durch folgende Merkmalsstruktur beschrieben werden:

$$S_{Aktie} = \begin{bmatrix} KAT & Nomen \\ NUM & Sing \\ GEN & Fem \end{bmatrix}.$$

Eine Merkmalsstruktur beschreibt im Allgemeinen eine Anzahl von Objekten. Die obige Merkmalsstruktur gilt auch für Wörter wie *Kaffeemaschine* oder *Apfelsine*. Jede weitere Spezifikation engt die Auswahl der Objekte ein. Umgekehrt erweitert sich durch Weglassen von Merkmalen die Auswahl. Damit bilden Merkmalsstrukturen eine geeignete Beschreibung, um in Abhängigkeit von zur Verfügung stehendem Wissen eine mehr oder weniger spezifische Beschreibung eines Objektes anzugeben.

Mit Operatoren lassen sich weiterhin Verknüpfungen zwischen Merkmalsstrukturen durchführen. Namensgebend für diesen Typ von Grammatiken ist die
Operation der Unifikation (Symbol $\sqcup$). Dabei wird eine Merkmalsstruktur gebildet, die die Eigenschaften der beiden Operanden verbindet. Betrachten wir dazu
zunächst die Merkmalsstruktur des Wortes *das*:

$$S_{das} = \begin{bmatrix} KAT & Det \\ NUM & Sing \\ GEN & Neut \end{bmatrix} .$$

Bei dem Versuch der Unifikation mit S_{Aktie} besteht ein Widerspruch bezüglich des
Genus. Die beiden Strukturen lassen sich nicht zusammenführen. Demgegenüber
ist die Unifikation von S_{Aktie} und S_{die} möglich und führt zu

$$S_{die} \sqcup S_{Aktie} = \begin{bmatrix} KAT & NP \\ NUM & Sing \\ GEN & Fem \end{bmatrix} .$$

Wesentlich ist der Gedanke, dass die entstehende Struktur die Informationen
aus beiden Operanden verbindet. Damit besteht auch die Möglichkeit, fehlende
Informationen zu ergänzen. Nehmen wir als Beispiel das Wort *Wetter*. Zunächst
ist nicht klar, ob damit das Klima oder ein Fluss in der Wetterau gemeint ist. In
der Merkmalsstruktur kann man keinen eindeutigen Wert für das Merkmal *GEN*
angeben:

$$S_{Wetter} = \begin{bmatrix} KAT & N \\ NUM & Sing \end{bmatrix} .$$

In Verbindung mit einem Artikel klärt sich diese Mehrdeutigkeit. Das durch Unifikation entstehende Objekt übernimmt den Genus des Artikels

$$\begin{bmatrix} KAT & Det \\ NUM & Sing \\ GEN & Neut \end{bmatrix} \sqcup \begin{bmatrix} KAT & N \\ NUM & Sing \end{bmatrix} = \begin{bmatrix} KAT & NP \\ NUM & Sing \\ GEN & Neut \end{bmatrix} .$$

Damit wäre allerdings auch die Kombination *der Wetter* möglich. Die Beschreibung lässt sich mittels disjunkter Merkmale verfeinern. Mit

$$S_{Wetter} = \begin{bmatrix} KAT & N \\ NUM & Sing \\ GEN & Fem \vee Neut \end{bmatrix}$$

ist vorgegeben, dass *Wetter* entweder weiblich oder sächlich ist. [3]

---

[3]Genau genommen ist *der Wetter* als Genitiv möglich, aber der Einfachheit halber sei die
Betrachtung auf den Nominativ beschränkt.

8.6 Übungen

Übung 8.1 *Radio-Grammatik*

1. *Geben Sie 3 Sätze an, die mit der folgenden Grammatik generiert werden können.*

2. *Zeichnen Sie für einen der Beispielssätze den Ableitungsbaum.*

3. *Erweitern Sie die Grammatik so, dass optional Sätze auch mit dem Wort Bitte eingeleitet werden können.*

4. *Wie sieht der zugehörige endliche Automat aus?*

Σ	*Radio, CD, ein, aus, nächstes, Lied, Stück*
N	BEFEHL, SCHALTEN, LIED
P	BEFEHL → *Radio*
	BEFEHL → *Radio* SCHALTEN
	BEFEHL → *CD*
	BEFEHL → *CD* SCHALTEN
	BEFEHL → *nächstes* LIED
	LIED → *Lied*
	LIED → *Stück*
	SCHALTEN → *ein*
	SCHALTEN → *aus*
S	BEFEHL

Übung 8.2 *HTK-Grammatik*
Geben Sie eine Grammatik im HTK-Format für die Erkennung von Matrikelnummern – sechsstellige Zahlen, die nicht mit einer Null beginnen – an.

Kapitel 9

HTK

In diesem Kapitel wird an einem praktischen Beispiel gezeigt, wie aus Sprachdaten die Modellparameter für Hidden-Markov-Modelle gewonnen werden können. Exemplarisch werden die erforderlichen Schritte zum Training und Testen der Modelle erläutert. Die verwendeten Sprachdaten und Perl-Programme sind über die Web-Seite zum Buch frei verfügbar. Damit können die beschriebenen Schritte selbst nachvollzogen werden. Das Kapitel soll dazu anregen, das zuvor theoretisch Dargestellte selbst anzuwenden und damit ein tieferes Verständnis zu entwickeln.

Als Entwicklungssystem wurde das Hidden Markov Toolkit (HTK) ausgewählt. Über die Seite (`http://htk.eng.cam.ac.uk/`) kann man nach einer kostenfreien Registrierung die Software und Dokumentation kopieren. Eine ausführliche Dokumentation ist im HTKBook [YEH+02] enthalten. Es handelt sich um die wahrscheinlich am häufigsten eingesetzte freie Entwicklungsumgebung zum Erstellen von HMMs. Ursprünglich an der Universität von Cambridge entwickelt, später von der Firma entropics kommerziell vertrieben, steht es heute wieder zur freien Verfügung. Es ist allerdings nicht das einzige verfügbare Systeme. Zwei Alternativen sind:

- ISIP[1]-Toolkit: Dieses an der Mississippi State University realisierte Programmpaket hat einen ähnlichen Umfang wie HTK. Informationen dazu findet man unter der Adresse
  `www.cavs.msstate.edu/hse/ies/projects/speech/`.

- Sphinx: Ist ein von der gleichnamigen Gruppe an der Carnegie Mellon University in Pittsburgh entwickeltes Erkennungssystem. Eine komplett in der Sprache Java implementierte freie Version [WLK+04] mit vielen Anwendungsbeispielen kann von der Seite
  `http://cmusphinx.sourceforge.net/sphinx4/`
  geladen werden.

---

[1]Die Abkürzung stand für Institute for Signal and Information Processing. Mittlerweile wurde das Institut umbenannt und ISIP wird als eigenständiger Name verwendet.

Das Entwicklungssystem HTK besteht aus einer Anzahl von einzelnen Programmen. Über Konfigurationsdateien und Optionen beim Programmaufruf werden die benötigten Informationen den Programmen übergeben. Zur Vereinfachung sind die Aufrufe der HTK-Programme in Perl-Skripte eingebettet. Der Ablauf ist so weit abgestimmt, dass nahezu automatisch aus den Sprachdaten die Modelle erstellt und getestet werden. Im Folgenden wird zunächst das Vorgehen bei Ganzwortmodellen beschrieben. Anschließend wird der Umstieg auf kleinere Einheiten behandelt.

9.1 Sprachdaten und Vorbereitungen

Als Datenmaterial dienen im Wesentlichen die Aufnahmen aus der Übung zum DTW (Übung 5.2). Über mehrere Semester wurden Aufnahmen von Studierenden gesammelt. Das Vokabular enthält Fächernamen sowie die Zahlwörter *Eins* bis *Drei*. Alle Aufnahmen erfolgten über PCs mit Kopfbügelmikrophonen der unteren bis mittleren Preisklasse. Als Abtastrate wurde 16 kHz gewählt. Ergänzt wurde das Datenmaterial durch Aufnahmen von 100 Sprecherinnen und Sprechern der Zahlwörter *Null* bis *Neun*. Diese Aufnahmen wurden im Rahmen von Arbeiten zur Sprecheridentifikation gesammelt. In diesem Fall wurden die Sprachsignale zunächst in hoher Qualität aufgezeichnet und später auf die Abtastrate von 16 kHz umgesetzt. Alle Aufnahmen sind, wie in Abschnitt 11.2 beschrieben, in Dateien nach Sprechern und Wörtern sortiert.

In Tabelle 9.1 ist zusammengestellt, wie viele Äußerungen von jedem Wort als Referenzen zur Verfügung stehen. Für die Zahlwörter und Fächernamen sind jeweils mindestens etwa 80 Äußerungen verfügbar. Demgegenüber sind die Wörter *Ja* und *Nein* sowie die Variante *Zwo* unterrepräsentiert. Als Testmaterial dienen die ebenfalls im Verlauf der DTW-Übung aufgezeichneten Testäußerungen. Insgesamt 994 solcher Testäußerungen wurden verwendet. Der Schwerpunkt liegt dabei auf den Fächernamen und den ersten drei Zahlwörtern.

Die Daten sind in keiner Weise repräsentativ. Vielmehr handelt es sich überwiegend um junge Studierende mit einem deutlichen Übergewicht der Studenten gegenüber den Studentinnen. Auch in Bezug auf die Anzahl der Äußerungen pro Wort (Tabelle 9.1) ist die Datenbasis unausgewogen.

Wie bereits erwähnt, läuft das Training nahezu automatisch ab. Der Skript `all.pl` enthält den kompletten Ablauf. Über Steuervariablen können dabei einzelne Verarbeitungsabschnitte deaktiviert werden. Als Einziges muss vorab die Transkription zu den einzelnen Äußerungen festgelegt werden. Dazu wird eine in der HTK-Terminologie als *Master Label File* (MLF) bezeichnete Datei verwendet. In der einfachsten Form enthält diese Datei für jede Äußerung einen eigenen Eintrag mit dem Namen der Datei und der zugehörigen Transkription. Jedes Wort steht in einer eigenen Zeile. Eine Zeile mit nur einem Punkt markiert das Ende. Der Anfang der verwendeten MLF-Datei hat folgendes Aussehen:

Tabelle 9.1: Anzahl der Referenzäußerungen der einzelnen Wörter

Wort	Anzahl	Wort	Anzahl
Bwl	86	*Null*	88
Informatik	91	*Eins*	211
Mathematik	88	*Zwei*	182
Mediengestaltung	79	*Zwo*	27
Physik	94	*Drei*	194
Nein	13	*Vier*	121
Ja	13	*Fünf*	109
		Sechs	107
		Sieben	110
		Acht	109
		Neun	113

```
#!MLF!#
"userdata\sven\Informatik#1.wav"
Informatik
.
"userdata\sven\Informatik#2.wav"
Informatik
.
"userdata\sven\Mathematik#0.wav"
Mathematik
.
"userdata\sven\Mathematik#1.wav"
Mathematik
.
```

Nach der Kennung für den Dateityp folgen die einzelnen Einträge, mit Dateiname, Transkription und abschließendem Punkt. Die HTK-Programme unterstützen durchaus auch elegantere Methoden, um die Transkriptionen festzulegen. Aber diese Form mit einem eigenen Eintrag für jede Äußerung hat sich als einfach und zugleich flexibel bewährt. Eine komfortable Möglichkeit, eine solche Datei zu erstellen, bietet das Programm `fbview`. Mit dem Menüpunkt `Mlf – Fill` wird automatisch aus allen geladenen Dateien ein MLF erzeugt. Als Name wird in den weiteren Verarbeitungsschritten `userdata.mlf` angenommen. In einer ersten Verarbeitungsphase werden dann aus diesem MLF diverse Wort- und Dateilisten sowie Grammatiken für Einzel- und Verbundwortäußerungen generiert.

9.2　Merkmalsextraktion

In HTK ist `HCopy` das Tool zur Merkmalsextraktion. `HCopy` liest eine Datei mit vorgegebenem Format und konvertiert sie in das eigene HTK-Format. Die für uns interessante Kombination ist die Umwandlung einer Sprachdatei in eine Merkmalsdatei. Der genaue Ablauf der Konvertierung wird über eine Konfigurationsdatei gesteuert. Ein typisches Beispiel hat folgendes Aussehen:

```
# Konfigurationsdatei hcopy.cf
  SOURCEKIND    = WAVEFORM
  SOURCEFORMAT  = WAVE
  ZMEANSOURCE   = FALSE
  ENORMALISE    = FALSE
  TARGETFORMAT  = HTK
  TARGETKIND    = MFCC_E
  TARGETRATE    = 100000
  NUMCHANS      = 21
  NUMCEPS       = 12
  SAVEWITHCRC   = FALSE
  WINDOWSIZE    = 200000.0
  USEHAMMING    = TRUE
  PREEMCOEF     = 0.97
  LOFREQ        = 330.0
  HIFREQ        = 5500.0
  CEPLIFTER     = 22
  DELTAWINDOW   = 2
  USEPOWER      = TRUE
```

In jeder Zeile wird ein Parameter spezifiziert. Das Beispiel besagt im Wesentlichen:

- Eine Eingangsdatei enthält Sprachsignale im WAV-Format (`SOURCEKIND`, `SOURCEFORMAT`).

- Es sollen Merkmale vom Typ MFCC (Mel Frequency Cepstral Coefficients) berechnet werden (`TARGETKIND`). Die Endung `_E` gibt an, dass die Energie eines Blockes als weiteres Merkmal benutzt wird.

- Das Verarbeitungsfenster hat die Länge 200000 Einheiten (`WINDOWSIZE`). Alle Zeitangaben in HTK sind in Vielfachen von 100 ns angegeben. Der Wert 200000 entspricht damit 20 ms. Der Versatz zwischen den Blöcken beträgt 10 ms (`TARGETRATE`). Dementsprechend resultieren pro Sekunde 100 Merkmalsvektoren.

- Es werden 12 Cepstral-Koeffizienten bestimmt (`NUMCEPS`). Die Merkmalsvektoren haben demnach insgesamt die Dimension 13.

Die dynamischen Merkmale werden normalerweise nicht in den Dateien abgespeichert, sondern bei jeder Verarbeitung neu berechnet. In der Regel soll eine größere Anzahl von Dateien bearbeitet werden. Dazu benötigt man eine Datei, die eine entsprechende Liste enthält. Das Tool HCopy erwartet die Angabe von Eingangs- und Ausgangsdatei. Eine Möglichkeit, eine entsprechende Liste zu erzeugen, bietet das folgende Perl-Skript gen_hcopy_list.pl:

```
while( <> ) {
    chop;
    $d=$_;
    $s=$d;
    $d =~ s/wav/mfcc/;
    print "sprachdaten\\$s merkmale\\$d\n";
}
```

Das Skript kopiert den Dateinamen und ersetzt dann die Endung wav durch mfcc und den Verzeichnisnamen userdata durch mfcc. Ausgehend von einer Datei train.scp mit einer Aufzählung aller Äußerungen wird durch den Aufruf

```
gen_hcopy_list.pl train.scp > hcopy.scp
```

eine neue Datei hcopy.scp erstellt. Die Einträge in dieser Datei haben folgende Form:

```
sprachdaten\userdata\sven\Bwl#0.wav merkmale\userdata\sven\Bwl#0.mfcc
sprachdaten\userdata\sven\Bwl#1.wav merkmale\userdata\sven\Bwl#1.mfcc
sprachdaten\userdata\sven\Bwl#2.wav merkmale\userdata\sven\Bwl#2.mfcc
sprachdaten\userdata\sven\Drei#0.wav merkmale\userdata\sven\Drei#0.mfcc
sprachdaten\userdata\sven\Drei#1.wav merkmale\userdata\sven\Drei#1.mfcc
sprachdaten\userdata\sven\Drei#2.wav merkmale\userdata\sven\Drei#2.mfcc
sprachdaten\userdata\sven\Eins#0.wav merkmale\userdata\sven\Eins#0.mfcc
sprachdaten\userdata\sven\Eins#1.wav merkmale\userdata\sven\Eins#1.mfcc
```

Nach diesen Vorbereitungen wird die Merkmalsextraktion durch den Befehl

```
HCopy -C hcopy.cf -S hcopy.scp
```

ausgeführt. Damit erzeugt HCopy für alle angegebenen Sprachdateien die entsprechenden Merkmalsdateien. Zu beachten ist dabei lediglich, dass Unterverzeichnisse nicht automatisch angelegt werden. Daher muss vor dem Aufruf eine entsprechende Verzeichnisstruktur aufgebaut werden. In den Skripten erfolgt dies automatisch in der ersten Phase.

Die Merkmalsdateien werden in einem eigenen binären HTK-Format geschrieben. Eine lesbare Darstellung bietet das Tool HList. Beispielsweise zeigt der Aufruf

```
HList -h -e 3 mfcc\elvis\eins#0.mfcc
```

die ersten vier Merkmalsvektoren aus der angegebenen Datei:

```
-------------- Source: mfcc\elvis\eins#0.mfcc ----------------
  Sample Bytes:   52   Sample Kind:   MFCC_E
  Num Comps:      13   Sample Period: 10000.0 us
  Num Samples:    91   File Format:   HTK
---------------- Samples: 0->5 -------------------------------
0:   -10.132  -2.604   9.862  -5.737  -7.735   0.072   4.989
       5.508 -13.160   4.889 -12.582  -5.067  16.075
1:   -13.725  -0.662   3.884  -0.617   6.695   7.303   0.861
       4.208   2.191   6.652   0.705 -12.204  16.144
2:   -17.334  -2.537  -2.584   2.127  10.529   6.259  -7.186
      -0.219   3.331  10.260   2.299  -9.036  15.468
3:   -11.031 -12.035  -1.013   9.665   1.542   0.996  -9.626
      -6.613  -3.552   8.523  -4.206  -8.315  15.299
-------------------------- END -----------------------------
```

9.3   Ganzwortmodelle

9.3.1   Initialisierung

Im nächsten Schritt wird die Struktur der HMMs festgelegt. HTK verwendet dazu
Prototyp-Modelle. Es handelt sich dabei um Textdateien, wie sie in HTK generell
für die Speicherung von Modellparametern eingesetzt werden. Die Prototypen
enthalten die gewünschte Struktur wie z. B. die Anzahl der Zustände oder den
Typ von Dichtekomponenten. Die Parameter selbst sind zunächst auf Initialwerte
gesetzt. Die HTK-Distribution enthält mehrere Beispiele für Prototypen sowie
Skripte zur Generierung solcher Dateien. Ausgehend von diesen Beispielen wurde
der Skript mkproto.pl erstellt. Dabei wird für jeden Eintrag in der Wortliste eine
Datei mit dem Prototypen angelegt. Jede Datei enthält die Strukturinformation
und den Namen des Modells. Das folgende Beispiel zeigt den Anfang und das
Ende des Prototypen für *Acht*:

```
~o <VECSIZE> 26 <MFCC_E_D> <STREAMINFO> 3 12 12 2
~h "Acht"
<BEGINHMM>
  <NUMSTATES> 7
  <STATE> 2
  <NUMMIXES> 2 2 2
  <STREAM> 1
  <MIXTURE> 1 0.5000
    <MEAN> 12
     0.0 0.0 0.0 0.0 0.0 0.0 0.0 0.0 0.0 0.0 0.0 0.0
    <VARIANCE> 12
     1.0 1.0 1.0 1.0 1.0 1.0 1.0 1.0 1.0 1.0 1.0 1.0
```

```
...
    <TRANSP> 7
    0.000e+0  1.000e+0  0.000e+0  0.000e+0  0.000e+0  0.000e+0  0.000e+0
    0.000e+0  6.000e-1  4.000e-1  0.000e+0  0.000e+0  0.000e+0  0.000e+0
    0.000e+0  0.000e+0  6.000e-1  4.000e-1  0.000e+0  0.000e+0  0.000e+0
    0.000e+0  0.000e+0  0.000e+0  6.000e-1  4.000e-1  0.000e+0  0.000e+0
    0.000e+0  0.000e+0  0.000e+0  0.000e+0  6.000e-1  4.000e-1  0.000e+0
    0.000e+0  0.000e+0  0.000e+0  0.000e+0  0.000e+0  6.000e-1  4.000e-1
    0.000e+0  0.000e+0  0.000e+0  0.000e+0  0.000e+0  0.000e+0  0.000e+0
<ENDHMM>
```

Die erste Zeile enthält Informationen über die Merkmale: insgesamt 26 Werte für MFCC, Energie und die zugehörigen Delta-Koeffizienten, aufgeteilt auf drei Datenströme. Das HMM besteht aus 7 Zuständen mit jeweils zwei Dichtekomponenten für jeden Merkmalsstrom. Der erste und der letzte Zustand sind nicht-emittierend. Für die anderen werden die Dichteparameter mit Initialwerten eingetragen. Am Ende der Datei sind die Startwerte für die Übergangsmatrix aufgeführt.

9.3.2 Einzelne Wörter

Ausgehend von den Prototypen werden die Modellparameter optimiert. Zunächst werden nur Äußerungen mit einzelnen Wörtern berücksichtigt. Damit wird das Training wesentlich vereinfacht, da keine Wortgrenzen benötigt werden. Die bei vielen Aufnahmen vorhandenen Pausen werden als Teile der Wörter modelliert. In der Testumgebung ist ein dreistufiges Trainingsverfahren realisiert. Die einzelnen Schritte sind:

- Initialisieren der Modelle durch lineare Unterteilung der Sprachdaten

- Viterbi-Training

- Optimierung mit Baum-Welch-Algorithmus

Die ersten beiden Schritte übernimmt das Programm HInit (Skript do_init.pl). Dabei wird jede Äußerung in gleich lange Abschnitte gemäß der vorgegebenen Anzahl von Zuständen unterteilt. Aus diesen Abschnitten werden die ersten Schätzwerte berechnet. Sind mehrere Dichtekomponenten pro Zustand vorgegeben, werden aus den Merkmalsvektoren mit dem so genannten modifizierten K-Means-Algorithmus die Dichteparameter bestimmt. Der K-Means-Algorithmus ähnelt stark dem in Abschnitt 4.3 beschriebenen Verfahren zur Gewinnung von Repräsentanten für die Vektor-Quantisierung. Ausgehend von diesen ersten Schätzwerten führt HInit ein Viterbi-Training durch.

Für die abschließende Optimierung nach dem Baum-Welch-Algorithmus steht das Programm HRest zur Verfügung (Skript do_hrest.pl). Ein Beispiel für den

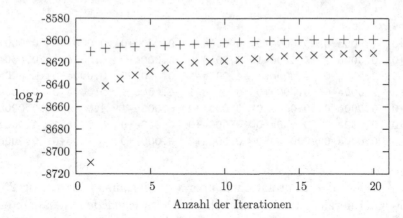

Anzahl der Iterationen

Abbildung 9.1: Anstieg von $\log p$ für die Referenzen des Wortes *Mathematik* im Verlauf des Trainings ($\times$ `HInit`, $+$ `HRest`)

```
------------------------------- Overall Results -------------------------------
SENT: %Correct=93.56 [H=930, S=64, N=994]
WORD: %Corr=93.56, Acc=93.56 [H=930, D=0, S=64, I=0, N=994]
```

Abbildung 9.2: Erkennungsergebnis der Testäußerungen bei einem HMM mit 12 Zuständen und 2 Dichtekomponenten pro Zustand

Verlauf des Trainings zeigt Bild 9.1. Hier wurden nacheinander jeweils 20 Iterationen der beiden Trainingsmethoden mit den Referenzen des Wortes *Mathematik* durchgeführt. Charakteristisch ist der schnelle Anstieg in den ersten Iterationen. Weitere Iterationen ergeben jeweils nur noch einen geringen Anstieg.

Mit diesen Modellen wird die Erkennungssicherheit gemessen. Die Erkennung selbst wird mit dem Programm `HVite` durchgeführt. Im Wesentlichen erhält das Programm die Modelle, die Grammatik sowie eine Liste mit den zu bearbeitenden Dateien. Die Erkennungsergebnisse werden in einem MLF abgelegt. Aus dem Vergleich dieses MLFs mit dem Referenz-MLF berechnet wiederum das Programm `HResults` die Erkennungsquote. Bild 9.2 zeigt die Ausgabe für die Erkennung an den Testäußerungen. Mit dem verwendeten Modell mit 12 Zuständen mit je 2 Dichtekomponenten werden von den insgesamt $N = 994$ Äußerungen 930 oder 93.56% richtig erkannt. Im vorliegenden Fall spielt die Unterscheidung zwischen Satz- und Wortfehlerrate keine Rolle, da jede Äußerung genau ein Wort enthält. Durch die eingeschränkte Grammatik sind weiterhin Einfügungen oder Auslassungen ausgeschlossen. Mit dem gleichen Modellen beobachtet man im Übrigen bei einer Erkennung der Referenzdaten nur 3 Fehler. Die Erkennungsquote beträgt in diesem Fall $R_{Ref} = 99.66\%$.

```
-------------------------- Speaker Results --------------------------
spkr: %Corr( %Acc ) [ Hits, Dels, Subs, Ins, #Words] %S.Corr [ #Sent ]
---------------------------------------------------------------------
bor:  95.45( 95.45) [H=  21, D= 0, S=  1, I= 0, N=  22]  95.45 [N= 22]
cam:  91.77( 91.77) [H= 145, D= 0, S= 13, I= 0, N= 158]  91.77 [N=158]
elv:  98.44( 98.44) [H=  63, D= 0, S=  1, I= 0, N=  64]  98.44 [N= 64]
eul:  85.39( 85.39) [H=  76, D= 0, S= 13, I= 0, N=  89]  85.39 [N= 89]
fra:  75.00( 75.00) [H=  18, D= 0, S=  6, I= 0, N=  24]  75.00 [N= 24]
jan:  93.94( 93.94) [H=  31, D= 0, S=  2, I= 0, N=  33]  93.94 [N= 33]
joc: 100.00(100.00) [H=   7, D= 0, S=  0, I= 0, N=   7] 100.00 [N=  7]
joe: 100.00(100.00) [H=  48, D= 0, S=  0, I= 0, N=  48] 100.00 [N= 48]
kai:  96.67( 96.67) [H=  29, D= 0, S=  1, I= 0, N=  30]  96.67 [N= 30]
lyo: 100.00(100.00) [H=  38, D= 0, S=  0, I= 0, N=  38] 100.00 [N= 38]
sta: 100.00(100.00) [H=  13, D= 0, S=  0, I= 0, N=  13] 100.00 [N= 13]
ste: 100.00(100.00) [H=  43, D= 0, S=  0, I= 0, N=  43] 100.00 [N= 43]
stf:  98.40( 98.40) [H= 123, D= 0, S=  2, I= 0, N= 125]  98.40 [N=125]
tes:  96.39( 96.39) [H= 187, D= 0, S=  7, I= 0, N= 194]  96.39 [N=194]
tor: 100.00(100.00) [H=   6, D= 0, S=  0, I= 0, N=   6] 100.00 [N=  6]
unk:  82.00( 82.00) [H=  82, D= 0, S= 18, I= 0, N= 100]  82.00 [N=100]
```

Abbildung 9.3: Erkennungsergebnis der einzelnen Testsprecher

Einen genaueren Einblick in das Fehlerverhalten gewinnt man durch eine detailliertere Ausgabe von HResults. Mit der Option -k \"*autosave/%%%*\" werden die Ergebnisse nach den ersten drei Buchstaben des Verzeichnisnamens gruppiert. Man erhält damit die in Bild 9.3 wiedergegebene Sprecherstatistik. Auffällig ist die große Schwankungsbreite zwischen 75% und 100%. Dies entspricht allerdings der Erfahrung, dass das Erkennungsergebnis stark von der jeweiligen Sprecherin oder dem Sprecher abhängt. Dabei spielen neben der individuellen Sprechweise die Einstellung des Benutzers zum System eine große Rolle.

Die Analyse bezüglich der einzelnen Wörter ermöglicht die Verwechslungsmatrix in Bild 9.4. In jeder Zeile ist angegeben, wie oft das gesprochene Wort den einzelnen Modellen zugeordnet wurde. Ein Teil der Wörter wird stets richtig erkannt. Problematisch sind insbesondere diejenigen Wörter, für die nur wenig Referenzen zur Verfügung stehen. Da bisher nur die Einzelwort-Äußerungen verwendet wurden, sind in Folge des Aufbaus der Datenbasis die Zahlwörter außer *Eins*, *Zwei* und *Drei* schlecht repräsentiert. Besonders deutlich tritt dieser Effekt bei dem Wort *Zwo* auf. Von den insgesamt 16 Testbeispielen werden lediglich 4 richtig klassifiziert, während 10-mal auf *Zwei* erkannt wird. Ähnlich problematisch ist das Wort *Acht*.

	Acht	Bwl	Drei	Eins	Fuenf	Infor	Ja	Mathe	Medin	Nein	Neun	Null	Physi	Siebe	Vier	Zwei	Zwo
Acht	2	.	1	1	.	.	.	4	.	.	.	.	.	.	.	.	.
Bwl	.	123	.	.	.	.	.	.	2	.	.	.	.	.	.	.	.
Drei	.	.	99	1	.	.	.	1	.	.	.	.	.	.	.	5	.
Eins	.	.	.	122	.	.	.	.	.	.	.	.	.	.	.	.	.
Fuen	.	.	.	9	2	.	.	3	.	.	.	.	.	.	.	.	.
Info	.	.	.	.	.	89	.	.	.	.	.	.	1	.	.	.	.
Ja	.	.	.	.	.	.	12	.	.	.	.	.	.	.	.	.	.
Math	.	.	.	.	.	.	.	93	.	.	.	.	.	.	.	.	.
Medi	.	.	.	.	.	.	.	.	71	.	.	.	.	.	.	.	.
Nein	.	.	.	1	.	.	.	.	.	11	.	.	.	.	.	.	.
Neun	.	.	.	.	.	1	.	.	.	.	12	.	.	.	.	.	.
Null	.	.	.	.	.	.	.	.	.	.	.	15	.	.	.	.	.
Phys	.	1	.	.	.	.	.	.	.	.	.	.	93	.	.	.	.
Sech	.	.	.	7	.	.	.	.	.	.	.	.	.	4	.	1	.
Sieb	.	.	.	.	.	.	.	.	.	.	.	.	.	1	10	.	.
Vier	.	2	.	.	.	.	.	.	4	.	.	.	.	.	27	.	.
Zwei	.	.	2	.	.	.	.	.	.	.	.	.	.	.	.	145	.
Zwo	.	.	.	.	.	.	.	.	1	.	.	1	.	.	.	10	4

Abbildung 9.4: Verwechslungsmatrix (zur besseren Übersicht leicht verändert gegenüber der Ausgabe des Programms HResults)

9.3.3 Wortketten

Im nächsten Schritt sollen auch Äußerungen, die mehrerer der Wörter enthalten, in das Training einbezogen werden. Dazu wird eine entsprechende Liste benötigt. Die Möglichkeit, solche Listen automatisch zu erzeugen, bietet das Programm fbview. Dabei werden aus einer MLF-Datei alle Einträge, die von einer gegebenen Grammatik abgedeckt sind, extrahiert und in eine neue Liste gespeichert. Der Aufruf in dem Skript all.pl dazu lautet

```
fbview.pl
    -N arbeit\\htkfiles\\networks\\cont.net      # Netzwerk
    -I merkmale\\userdata_mfcc.mlf               # MLF
    -cover arbeit\\lists\\cont_train_mfcc.scp    # Resultat
```

Nach dieser Vorbereitung kann dann das Programm HERest – das E steht für *Embedded* – zum Training verwendet werden. Alle erstellten Modelle werden von diesem Programm in einer gemeinsamen Datei gespeichert. Die Erkennung wiederum mit dem Programm HVite ergibt mit den neuen Modellparametern bei gleicher Konfiguration eine Verbesserung der Erkennungsquote auf 97.82. Durch die vergrößerte Trainingsmenge werden die Zahlwörter besser modelliert. So sind die bei den Wörtern *Zwo* und *Acht* in der Verwechslungsmatrix in Bild 9.4 ablesbaren vielen Fehler stark reduziert. Den größten Anteil an den verbleibenden Erkennungsfehlern haben Verwechslungen zwischen *Drei* und *Zwei*.

9.4 Phonemmodelle

Die Datenbasis ist zwar zu klein, um verwendbare Phonemmodelle zu trainieren. Aber es ist möglich, damit das grundsätzliche Vorgehen zu demonstrieren. Ausgangspunkt ist die Umsetzung der Wörter in Phoneme. Eine Möglichkeit dazu bieten Wörterbücher. Geeignet ist beispielsweise das Bonner Machine Readable Pronunciation Dictionary (BOMP) [PKS95] als umfangreiches Aussprachwörterbuch. Die Transkriptionen sind in maschinenlesbarer Form im SAMPA[2]-Format enthalten. Die Einträge haben folgendes Aussehen:

```
Sprache NOM 'Spra:|x@|
Sprachebene NOM 'Spra:x|,?e:|b@|n@|
Sprachen    NOM 'Spra:|x@n|
Sprachfamilie   NOM 'Spra:x|fa|,mi:|li|@|
Sprachfamilien  NOM 'Spra:x|fa|,mi:|li|@n|
Sprachler   NOM 'Spra:x|l@r|
Sprachlosigkeit NOM 'Spra:x|,lo:|zIC|kaIt|
```

---

[2]Speech Assessment Methods Phonetic Alphabet

Für jeden Eintrag ist die Wortart und die phonetische Transkription einschließlich Silbengrenzen eingetragen. Mit diesem Wörterbuch wurde für das Beispielvokabular folgende Ausspracheliste erstellt:

```
Informatik        pau gi n f o r m a t gi k pau
Bwl               pau b e w e ge l pau
Mathematik        pau m a t schwa m a t i k pau
Mediengestaltung  pau m e d i schwa n g schwa s t a l t u gn pau
Physik            pau f y z i k pau
Null              pau n gu l pau
Eins              pau ai n s pau
Zwei              pau ts v ai pau
Zwo               pau ts v oo pau
Drei              pau d r ai pau
Vier              pau f ii r pau
Fuenf             pau f gy n f pau
Sechs             pau z ge k s pau
Sieben            pau z ii b schwa n pau
Acht              pau a x t pau
Neun              pau n oy n pau
Ja                pau j a  pau
Nein              pau n ai n  pau
```

Dabei wurden zur besseren Handhabung folgende Ersetzung für die Bezeichnung einzelner Phoneme durchgeführt:

$$
\begin{array}{ll}
\text{I E U Y N} & \rightarrow \text{gi ge gu gy gn} \\
\text{@} & \rightarrow \text{schwa} \\
\text{aI} & \rightarrow \text{ai} \\
\text{OY} & \rightarrow \text{oy} \\
\text{i: o:} & \rightarrow \text{ii oo}
\end{array}
$$

Im Wesentlichen sollen durch diese Korrekturen eventuelle Probleme bei den Namen für die Dateien mit den Modellen vermieden werden. Als zusätzliche Einheit wurde vor und nach jedem Wort das Symbol pau für eine Pause eingefügt. Mit diesen Vorbereitungen kann ein MLF für die Untereinheiten erstellt werden. Der Befehl dazu lautet

```
HLEd                               # HTK-Tool zum Bearbeiten von MLF
-I merkmale\\userdata_mfcc.mlf        # Ausgangs-MLF
-d arbeit\\htkfiles\\dicts\\vokabular_pho  # Wortlexikon
-n arbeit\\htkfiles\\dicts\\phoneme      # neue Modell-Liste
-S arbeit\\lists\\cont_train_mfcc.scp    # Dateiliste
-i merkmale\\userdata_mfcc_pho.mlf      # neues MLF
arbeit\\htkfiles\\hled\\ex.cmd         # Datei mit HLEd Befehlen
```

Die Datei `ex.cmd` enthält lediglich den Befehl `ex` für Expand. Damit werden automatisch alle Wörter durch ihre im Wortlexikon angegebenen Transkriptionen ersetzt. Als Beispiel hat danach ein Eintrag für eine Äußerung des Wortes *Drei* die Form

```
"merkmale/userdata/joe/Drei#1.lab"
pau
d
r
ai
pau
.
```

Natürlich ist keineswegs gewährleistet, dass tatsächlich die Äußerung durch diese Folge exakt beschrieben ist. Die automatische Umsetzung kann ohne zusätzliche Informationen Aussprachevarianten nicht berücksichtigen. Bei diesem Vorgehen wird die Modellierung von Varianten in die Untereinheiten verlagert. In diesem Sinne entspricht das zu trainierende Modell für beispielsweise d nicht dem Phonem [d], sondern dem, was sich an Stelle, an der eigentlich ein d sein sollte, tatsächlich gesprochen wird.

In dem Vokabular sind 33 verschiedene Phoneme enthalten. Ein zusätzliches Modell wird für die Pausenabschnitte verwendet. Die einzelnen Einheiten sind in den Trainingsdaten unterschiedlich oft vertreten. Am häufigsten – abgesehen von der Pause – ist das Phonem n mit 940 Beispielen. Demgegenüber ist das j nur in 13 Äußerungen enthalten. Das Phonem j wird nur in dem Wort *Ja* verwendet, für das relativ wenige Äußerungen vorliegen.

Zur gezielten Initialisierung der einzelnen Modelle benötigt man die Grenzen der zugehörigen Signalabschnitte. Da im vorliegenden Fall diese Grenzen nicht bekannt sind, muss man auf andere Arten der Initialisierung zurückgreifen. In den Beispiel-Skripten ist die als *Flat Start* bezeichnete Methode realisiert. Dabei werden im ersten Schritt alle Modelle gleich initialisiert. Mit dem Tool `HCompV` werden die globalen Werte für Mittelwerte und Varianzen bestimmt und in alle HMMs eingesetzt. Diese identischen Modelle dienen dann als Startwerte für das Training mit `HERest`.

Um einen Eindruck von der Qualität der Modelle im Verlauf des Trainings zu erhalten, wurde nach jeder Iteration eine Erkennung auf allen Referenzdaten durchgeführt. In Bild 9.5 sind die gemessenen Werte für die Wortkorrektheit für die ersten 40 Iterationen aufgetragen. Ausgehend von weniger als 40% wird in wenigen Schritten ein Niveau von etwas über 90% erreicht. Weitere Iterationen führen nur noch zu geringen Verbesserungen. Nach insgesamt 40 Iterationen ergibt sich ein Wert von $WK = 92.37$.

Bei diesem relativ niedrigen Wert ist zu berücksichtigen, dass auch die Äußerungen mit mehreren Wörtern in der Erkennung behandelt werden. In den Messungen wird eine Grammatik verwendet, die beliebige Folgen von Wörtern

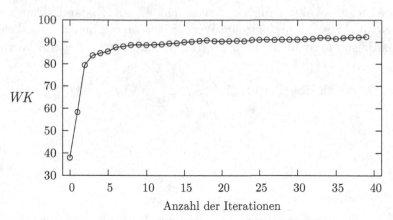

Abbildung 9.5: Wortkorrektheit für die Referenzdaten im Verlauf des Phonembasierten Trainings

aus dem Vokabular erlaubt. Ein hoher Anteil der Fehler ist auf die 100 Äußerungen zurückzuführen, die eine Folge mit allen Zahlwörtern von *Eins* bis *Neun* enthalten.

Mit den auch in den vorherigen Messungen verwendeten Testäußerungen mit einzelnen Wörtern resultierte eine Erkennungsquote von 92.25%. Hierbei sind die allermeisten Fehler bei den Wörtern *Eins*, *Zwei* und *Drei* zu beobachten. Um einen Einblick in den Trainingsprozess zu erhalten, kann man die Segmentierung der Wörter in Abschnitte für die einzelnen Modelle betrachten. Dazu kann man wiederum mit dem Tool HVite die Segmentgrenzen bestimmen lassen. Das Ergebnis wird in einem MLF gespeichert, bei dem für jeden Eintrag Anfang und Ende notiert sind. So enthält der folgende Eintrag sowohl das Wort als auch die einzelnen Untereinheiten mit ihren jeweiligen Grenzen:

```
"merkmale/userdata/Elvis/Eins#1.rec"
0 300000 pau -277.538452 Eins
300000 2500000 ai -1699.072754
2500000 3700000 n -976.125610
3700000 6800000 s -2404.899658
6800000 7100000 pau -283.763458
.
```

Zusätzlich sind noch logarithmierte Wahrscheinlichkeiten aufgeführt. Das Programm fbview stellt die angegebenen Grenzen graphisch dar. Bild 9.6 zeigt diese Darstellung für eine Äußerung des Wortes *Physik*. In diesem Fall sind die Grenzen in recht guter Übereinstimmung mit dem tatsächlichen akustischen Verlauf. Offensichtlich führte das Trainingsverfahren für die beteiligten Modelle zu plausiblen Ergebnissen. Allerdings ist dies in Folge der sehr kleinen Datenbasis nicht immer der Fall. So resultieren die vielen Verwechslungen zwischen *Eins, Zwei* und *Drei* aus Problemen mit dem Modell `ai`. Wie eine Überprüfung der Segmentgrenzen zeigt, passt das gelernte Modell zwar sehr gut für den Anfang des Wortes *Eins*, aber nur schlecht für das Ende der beiden anderen Wörtern.

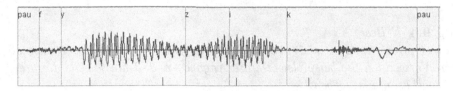

Abbildung 9.6: Darstellung der mit HVite bestimmten Phonemgrenzen einer Äußerung des Wortes *Physik*

Insgesamt gesehen sollte man die Ergebnisse dieses Experiments nicht überbewerten. Die Datenbasis ist viel zu klein für ein angemessenes Training eines Phonem-basierten Erkenners. Das Experiment soll dazu dienen, das Vorgehen in einem solchen Fall zu demonstrieren.

9.5 Übungen

Übung 9.1 *Live-Test*
Das Tool `HVite` *kann auch für eine direkte Erkennung von Eingaben über Mikrophon verwendete werden. Ein Beispiel dazu ist im Skript* `do_hvite_live.pl` *angegeben. Testen Sie damit das Erkennungsverhalten für verschiedene Modellsätze.*

Übung 9.2 *Neue Wörter*
Erweitern Sie das Vokabular durch Hinzunahme weiterer Äußerungen. Zeichnen Sie von jedem neuen Wort eine Anzahl (sinnvollerweise mindestens 10) von Äußerungen auf. Diese Dateien werden dann am einfachsten in ein neues Unterverzeichnis von `sprachdaten/userdata` *gestellt. Dann müssen nur noch die Einträge in das MLF userdata.mlf eingefügt werden. Das gesamte Training läuft dann, gesteuert durch das Skript* `all.pl`, *automatisch ab. Testen Sie die neuen Modelle im Live-Modus von* `HVite`.

Übung 9.3 *Grammatik*
Die Grammatik für den HTK-Test befindet sich in der Datei

```
htkfiles\networks\gram .
```

Mit dem Tool `HParse` *wird daraus ein Netzwerk erstellt. Erweitern Sie die Grammatik so, dass auch Eingaben in der Form*

- Physik Eins

- Mediengestaltung Drei

- ...

erkannt werden. Testen Sie das daraus erzeugte Netzwerk im Live-Modus von HVite.

Übung 9.4 *N-Best*
Über die Option -n *kann in* HVite *die Ausgabe mehrerer Hypothesen eingestellt werden. Verwenden Sie beispielsweise die Angabe* -n 3 3 *um jeweils die drei besten Hypothesen auszugeben.*

- *Wie werden diese Hypothesen im Ergebnis-MLF dargestellt?*

- *Durch welche Optionen werden in* HResults *mehrere Hypothesen verwendet?*

- *Wie steigt die Erkennungsrate an, wenn mehrere Hypothesen berücksichtigt werden?*

Übung 9.5 *Wortuntereinheiten*
Um das Vokabular zu erweitern, sind folgende Schritte nötig:

- *In* htkfiles\dicts\vokabular_pho *die neuen Einträge aufnehmen (natürlich sind bei unserem kleinen Experiment nur solche Wörter möglich, die mit den vorhandenen Phonemen darstellbar sind).*

- *In der Grammatik-Datei* htkfiles\networks\gram *neue Wörter eintragen.*

- *Mit dem Befehl*

```
HParse gram netzwerk
```

ein neues Netzwerk für die Erkennung anlegen.

Die Erkennung kann wiederum im Live-Modus mit HVite *getestet werden.*

Übung 9.6 *Modellparameter*
Optimieren Sie die Erkennungsleistung. Untersuchen Sie dazu in Simulationsexperimenten den Einfluss von

- *verschiedenen Modelltopologien*

- *diagonal- und vollbesetzten Kovarianzmatrizen*

- *Anzahl der Dichtekomponenten*

- *unterschiedlichen Merkmalsarten*

Kapitel 10

Dialogsysteme

10.1 Einleitung

Aufbauend auf die Möglichkeiten der Spracherkennung lassen sich eine Vielzahl von Anwendungen realisieren. In diesem Kapitel wird stellvertretend die wichtige Klasse der Dialogsysteme behandelt. Der Schwerpunkt der Darstellung liegt auf Telefonanwendungen, die beispielsweise als Auskunfts- oder Bestellsysteme mittlerweile weite Verbreitung gefunden haben. Die Prinzipien lassen sich aber auf andere Bereiche der Mensch-Maschine-Kommunikation wie etwa die Steuerung von Geräten übertragen.

Im Folgenden werden zunächst Grundprinzipien der Dialoggestaltung im Hinblick auf die mögliche Freiheit der Benutzereingaben vorgestellt. Die praktische Umsetzung wird im Wesentlichen am Beispiel der Beschreibungssprache VoiceXML behandelt.

10.2 Dialogtypen

Der Dialog zwischen Anwender und System kann sehr unterschiedlich gestaltet sein. Ideal im Hinblick auf Benutzerfreundlichkeit sind vollkommen freie Dialoge, bei denen dem Anwender keinerlei Einschränkungen bezüglich Formulierung und Inhalt auferlegt werden. Allerdings sind solche Systeme extrem anspruchsvoll und bei dem heutigen Stand der Technik nicht in aller Vollständigkeit realisierbar. Vielmehr gilt es, bei der Dialoggestaltung die gegebenen Einschränkungen zu berücksichtigen.

Am einfachsten aus Systemsicht sind geführte Dialoge (*directed dialog*), bei denen das System den Ablauf des Dialogs vollständig kontrolliert. Schrittweise wird der Anwender durch eine Folge von Fragen geführt. Als Beispiel werden im folgenden fiktiven FH-Info-System die Angaben für einen Notenauskunft nacheinander abgefragt:

Beispiel 10.1 *Geführter Dialog.*

System: *Guten Tag. Hier ist das FH-Info System. Sie können zu fol-*
             genden Themen Informationen abfragen: Klausuren, Vorle-
             sungen, Bibliothek und Mensa. Welche Informationen wün-
             schen Sie?
Benutzer: *Klausuren.*
System: *Welches Fach?*
Benutzer: *Informatik*
System: *Bitte geben Sie Ihre Matrikelnummer ein.*
Benutzer: *Eins Zwei Drei Eins Zwo Drei*
System: *Bitte geben Sie noch Ihren Zugangscode ein.*
Benutzer: *Null Null Acht*
System: *Der Teilnehmer mit der Matrikelnummer 123123 hat in In-*
             formatik die Note 1,3 erreicht. Möchten Sie weitere Noten
             abfragen?

Häufig werden solche Systeme mit Erkennern für einzelne Wörter oder Wortketten
betrieben. Eine enge Dialogstruktur ermöglicht trotz eingeschränkter Fähigkeiten
des Erkenners komplexe Aufgaben abzuwickeln. Ein Problem für Systeme mit
einem festen Wortschatz ist die Auswahl aus dynamischen Listen. Beispielsweise
ändern sich die Filmtitel in einer Kinoauskunft häufig. Eine Möglichkeit, um
auch mit einfachen Spracherkennern die Auswahl aus solchen Listen zu erlauben,
besteht in einer sequentiellen Abfrage. Im Prinzip kann man, wie im Folgenden
gezeigt, mit einem Erkenner für *Ja* und *Nein* beliebige Listen bearbeiten:

Beispiel 10.2 *Auswahl aus dynamischen Menüs über Ja-Nein-Eingaben.*

System: *Hier ist die Liste Ihrer zur Zeit ausgeliehenen Bücher. Bitte*
             geben Sie jeweils mit Ja oder Nein an, ob ein Buch verlängert
             werden soll. Tanenbaum: Rechnernetze
Benutzer: *Ja.*
System: *Krüger: Handbuch der Java Programmierung*
Benutzer: *Nein.*
System: *Stevens: Unix network programming*
Benutzer: *Nein.*

Aufwändigere Systeme erlauben die Eingabe in ganzen Sätzen. Damit ist es
möglich, dem Benutzer mehr Freiheiten im Dialog einzuräumen. Wenn nicht mehr
ein starrer Ablauf vorgegeben ist, sondern der Benutzer selbst den Ablauf mitbe-
stimmt, spricht man von gemischter Initiative (*mixed initiative dialog*) [Hor99].
Ein Dialog in dem FH-Info-System könnte dann folgendermaßen ablaufen:

Beispiel 10.3 *Gemischte Initiative.*

> System: *Guten Tag. Hier ist das FH-Info-System. Was kann ich für*
>   *Sie tun?*
> Benutzer: *Hallo, Ich möchte die Klausurergebnisse in Mathematik und*
>   *BWL wissen.*
> System: *Für die Ausgabe der Klausurergebnisse benötige ich noch Ihre*
>   *Matrikelnummer und den Zugangscode.*
> Benutzer: *Meine Matrikelnummer ist Sechzehn Elf Fünf Acht.*
> System: *Bitte geben Sie noch Ihren Zugangscode ein.*
> Benutzer: *Null Null Acht*

Mit der ersten Eingabe gibt der Benutzer zwei Informationen. Er teilt mit, welchen Dienst er nutzen möchte und spezifiziert bereits Detailinformationen. Das System stellt fest, welche Angaben noch benötigt werden und fragt daraufhin gezielt nach der Matrikelnummer und dem Zugangscode. Eingebaut in die Abfrage ist die Rückmeldung, dass die Abfrage „Klausurergebnisse" erkannt wurde. Diese als *implizite Bestätigung* bezeichnete Technik wird gerne eingesetzt, da sie den Dialog für den Benutzer transparent macht. Auch ohne explizite Rückfrage kann der Benutzer damit eventuelle Erkennungsfehler erkennen und darauf reagieren.

Da der Benutzer im Beispiel anschließend nur die Matrikelnummer nennt, wird er nochmals nach dem Zugangscode gefragt. Die Dialogstrategie basiert auf einem Abfragekonzept. Ziel einer Dialogphase ist es, die benötigten Informationen für eine Abfrage an die der Gesamtanwendung zugrunde liegende Datenbank zu sammeln. Solange benötigte Felder nicht gefüllt sind, wird das System durch gezielte Fragen versuchen, diese Lücken zu schließen. Im Beispiel liegt nach der Angabe der Matrikelnummer folgender Stand vor:

Abfrage für Klausurnote

Matrikel	Code	Fach
161158		Mathematik, BWL

Zwei Felder sind gefüllt, das dritte Feld für den Zugangscode ist aber noch leer und wird durch eine entsprechend formulierte Frage gefüllt. Dieses Konzept ist sehr flexibel. Mit einer Eingabe können mehrere Felder gleichzeitig gefüllt werden. Der mit der Anwendung vertraute Benutzer kann dadurch sehr schnell zum Ziel kommen. Anders als bei dem schrittweisen Ablauf kann er die gesamten Daten zu einer oder zu einigen wenigen Eingaben kombinieren.

Die Vorgaben zum Ausfüllen der Felder sind durch die Anwendung bestimmt. So kann festgelegt werden, welche Felder zwingend notwendig und welche optional sind. Gegebenenfalls sind auch logische Abhängigkeiten zwischen den Feldern zu berücksichtigen. Wird der Inhalt eines Feldes korrigiert, dann werden eventuell die Inhalte von anderen Feldern ungültig. Im Englischen werden die einzelnen Informationsteile als *slots* bezeichnet und die Strategie als *Slot-Filling*.

Bei vielen in der Praxis wichtigen Problemen kann diese Strategie eingesetzt werden. Auskunftssysteme für Bahn- oder Flugverbindungen sind klassische Beispiele, für die eine Vielzahl von Systemen entwickelt wurde. Andererseits verbleiben anspruchsvolle Probleme, bei denen sich das Dialogziel nicht in solch einfacher Weise strukturieren lässt. Als Beispiel möge die folgende Abfrage dienen:

Beispiel 10.4 *Freier Dialog.*

System: *Guten Tag. Hier ist das FH-Info-System. Was kann ich für Sie tun?*

Benutzer: *Guten Tag. Ich bin Abiturient und möchte studieren. In Frage kommen für mich Wirtschaftsinformatik oder Medieninformatik. Was würden Sie mir empfehlen?*

10.3   Programmierschnittstellen

Sprachanwendungen lassen sich durch direkte Programmierung in der gewünschten Sprache realisieren. Um die Aufgabe zu vereinfachen und insbesondere die Abhängigkeit von der jeweiligen Spracherkennungstechnologie zu minimieren, wurden definierte Programmierschnittstellen (*Application Programming Interface*, API) eingeführt. Einige solcher APIs sind:

- Microsoft Speech Application Programming Interface (SAPI): dieses für die Betriebssysteme der Firma Microsoft entwickelte API umfasst Spracherkennung und Sprachausgabe. Die dazu gehörende Entwicklungsumgebung Speech SDK einschließlich Beispiele in C++ und Visual Basic wird von Microsoft zum freien Kopieren angeboten.

- Java Speech API (JSAPI): das von der Firma sun eingeführte API für Java [Sun98a].

- ATK: ein API, um auf der Basis von HTK Echtzeit-Anwendungen zu realisieren [You04].

- Voice Control API (VOCAPI): dieses API wurde speziell für Command and Control-Anwendungen beispielsweise in Autoradios oder Telefonen entwickelt und als DIN Norm 33880 standardisiert [Geg99].

Die direkte Umsetzung des Dialogsystems in Programmcode und Einbindung der Sprachmodule über die entsprechenden APIs bietet die meisten Freiheiten und Möglichkeiten. Der Preis dafür ist der hohe Entwicklungsaufwand.

10.4 Beschreibungssprachen

Flexiblere Architekturen basieren auf einer Trennung zwischen der Anwendungs-
programmierung und dem Sprachdialog. Das Prinzip ist ähnlich wie bei Webseiten
im Internet. Der Inhalt einer Webseite ist in einer Datei mit Text in der Beschreibungssprache HTML festgelegt. Ein Browser interpretiert diese Beschreibung und
erstellt daraus eine graphische Darstellung für den Anwender. Dementsprechend
wird ein Sprachdialog ebenfalls in einer Textdatei beschrieben. Eine Software – in
Analogie spricht man von einem Voice Browser – interpretiert diese Darstellung
und steuert gemäß den Anweisungen und Benutzerreaktionen den Dialogablauf.
Ein Voice Browser enthält Schnittstellen zu den Ein- und Ausgabekomponenten.
Unterstützt werden in der Regel Komponenten für:

- Spracherkennung

- Aufzeichnen von Sprachnachrichten

- Ausgabe von synthetisierter Sprache

- Abspielen von aufgezeichneten Sprach- oder Musikdateien

Je nach Einsatzgebiet kommen in einer konkreten Anwendung weitere Schnittstellen hinzu. So benötigt eine Telefonanwendung eine Anbindung an das Telefonnetz,
entweder über das klassische Telefonnetz oder über Voice over IP (VoIP).

Entscheidend ist, dass all diese Funktionalitäten von dem Anbieter der Voice
Browser-Plattform implementiert werden. Der Dialogentwickler braucht sich um
diesen Teil der Programmierungen nicht zu kümmern. Er kann den Dialog auf
relativ hoher Ebene durch Ablaufbeschreibungen, Ansagetexte, Grammatiken für
die Spracheingabe, etc. festlegen. Im Idealfall ist die Dialogentwicklung unabhängig von der Plattform. Im Weiteren werden mit Speech Application Language
Tags und Voice Extensible Markup Language zwei Beschreibungssprachen mit
etwas unterschiedlichen Schwerpunkten vorgestellt.

10.5 Speech Application Language Tags (SALT)

Der Standard besteht aus einer kleinen Anzahl von XML-Elementen, die als *Tags*
in HTML-Dokumente eingebettet werden [Cis02]. Damit kann Spracherkennung
als weitere Modalität in HTML-Dateien hinzugefügt werden. Die Spracherkennung kann lokal auf dem Endgerät oder zentral auf dem Server erfolgen. Der Ansatz ist insgesamt sehr flexibel und umfasst sowohl reine Sprachdialoge als auch
multimodale Anwendungen. Im Folgenden werden die grundsätzlichen Möglichkeiten anhand einfacher Beispiele vorgestellt. Ausführliche Informationen findet
man in dem SALT-Forum `www.saltforum.org`.

Für die Sprachausgabe steht der prompt-Tag zur Verfügung. Dabei kann zwischen automatischer Sprachsynthese und der Wiedergabe von Dateien gewählt werden. Der folgende Code-Abschnitt zeigt eine Kombination beider Ausgabeformen in einem prompt-Tag:

```
<salt:prompt id="Welcome">
Herzlich Willkommen.
<content href="waves/jingle.wav" />
</salt:prompt>
```

Die Eigenschaften der synthetisierten Ausgabe kann durch Befehle gemäß der Speech Synthesis Markup Language (SSML) gesteuert werden. So kann ein Teil der Ausgabe durch die Markierung emphasis besonders betont werden:

```
Sie haben das <emphasis> beste </emphasis> Klausurergebnis erzielt!
```

Zur Spracherkennung dienen listen-Tags. In dem Tag wird die zu verwendende Grammatik angegeben. Über einen bind-Tag kann das Erkennungsergebnis an ein Element angehängt werden. Die Erkennung des Fachnamens wird dann beispielsweise wie folgt realisiert:

```
<salt:listen id="faecher">
    <salt:grammar src="./faecher.xml" />
    <salt:bind targetElement="txtBoxFach" value="/result/fach" />
</salt:listen>
```

Hier wird eine Erkennung mit der Grammatik in XML-Format aus der Datei faecher.xml durchgeführt. Das erkannte Fach steht anschließend in dem Element txtBoxFach. Das Ergebnis kann dann in anderen Tags weiter verwendet werden. Zur Bestätigung des Erkennungsergebnisses kann der Wert in eine Ausgabe in der Art

```
<salt:prompt id="BestaetigeFach">
    Sie haben das Fach
    <salt:value targetElement="txtBoxFach"
                targetAttribute="value" />
    ausgesucht?
</salt:prompt>
```

integriert werden. Im Hinblick auf den Einsatz in Telefonanwendungen unterstützt der Standard auch die Erkennung von Wähltönen, die der Anwender über die Tastatur des Telefons eingibt. Ein Ton enthält zwei Frequenzen, wobei jede Frequenz aus einer Vierergruppe gewählt wird. Daher spricht man auch von DTMF-Eingabe, wobei die Abkürzung für *Dual Tone Multiple Frequency* steht. Mittels dtmf-Tags wird die Erkennung spezifiziert.

Die Verwendung von Wähltönen kann für die Eingabe von Ziffernfolgen wie Kontonummern oder Bestellzeichen eine schnelle Alternative zur Spracherkennung sein. Sie bietet sich insbesondere bei vertraulichen Informationen an, wenn ansonsten Dritte die gesprochenen Eingaben mithören könnten. Schließlich kann die DTMF-Erkennung als Rückfall-Lösung dienen, wenn – aus welchem Grund auch immer – die Spracherkennung nicht ausreichend gut funktioniert.

10.6 Voice Extensible Markup Language

Voice Extensible Markup Language (VoiceXML) ist eine XML-Sprache für die Beschreibung von Sprachdialogen. Die Spezifikation wird als Standard von der W3C Voice Browser Working Group betreut. Der derzeit aktuelle Stand ist Version 2.0 [MBC+04] mit den Ergänzungen in 2.1 [OAB+05]. Das zugrunde liegende Konzept basiert auf einer zustandsorientierten Modellierung. Ein Sprachdialoge wird als Folge von einzelnen Zuständen beschrieben. Die Zustandsübergänge erfolgen in Abhängigkeit von den Eingaben. Im Folgenden werden die Grundelemente von VoiceXML vorgestellt. Detaillierte Darstellungen der umfangreichen Möglichkeiten findet man in den Büchern wie z. B. [Mar03] [GK03]. Der Standard sowie diverse Materialien stehen auf der Web-Seite www.voicexml.org zur Verfügung.

10.6.1 Grundelemente

Als Anfangspunkt betrachten wir wieder ein einfaches Beispiel mit lediglich einer Ausgabe:

```
<?xml version="1.0"?>
<vxml version="2.0" xmlns="http://www.w3.org/2001/vxml">

<form>
<block>
<prompt>
Hallo bei dem ersten VoiceXML Dialog von Stephan Euler!
<audio src="http://www.meinserver.de/jingle.wav"/>
</prompt>
</block>
</form>

</vxml>
```

Zunächst wird in der ersten Zeile das Dokument als XML-Dokument in der Version 1.0 deklariert. In der zweiten Zeile folgt die Festlegung auf VoiceXML, Version

2.0. Das verbindliche Attribut `xmlns` verweist auf den Namensraum (*Namespace*), in dem die zur Verfügung stehenden Elemente und Attribute definiert sind.

In diesem einfachen Beispiel wird mit dem `form`-Tag ein Formular angelegt. Formulare sind die Grundbestandteile von VoiceXML-Dialogen. Hier enthält das Formular allerdings nur ein einziges `block`-Element. `block`-Elemente sind nicht interaktiv und werden beispielsweise für Ansagen verwendet. Ähnlich wie in dem SALT-Beispiel wird eine Kombination von Sprachsynthese und Abspielen einer Audiodatei verwendet. Beides ist in ein gemeinsames `prompt`-Element eingebettet. In diesem Fall ist die explizite Spezifikation als prompt nicht unbedingt notwendig. In der Kurzform

```
<block>
Hallo bei dem ersten VoiceXML Dialog von Stephan Euler.
<audio src="http://www.meinserver.de/jingle.wav"/>
</block>
```

wird der Inhalt des `block`-Elementes automatisch als Ausgabe interpretiert. Die Eingabe wird über Felder (Element `field`) spezifiziert. So wie bei jeder anderen Art von Formular gilt es, alle – oder zumindest alle erforderlichen – Felder mit passendem Inhalt zu füllen. In VoiceXML werden die einzelnen Felder mit ihren Eingabemöglichkeiten eingetragen. Im Voice Browser werden die Formulare nach einem standardisierten Algorithmus – dem Formular-Interpretationsalgorithmus (*Form Interpretation Algorithm FIA*) – abgearbeitet. Die Details des Algorithmus sind im Standard geregelt. Im einfachsten Fall werden die Elemente nacheinander in der eingetragenen Reihenfolge bearbeitet. Der folgende Abschnitt von VoiceXML-Code definiert ein Formular zur Eingabe eines Faches und eines Semesters.

```
<form>

<field name="fach">
<prompt>Von welchem Fach moechten Sie Ihre Note wissen? </prompt>
<option>Informatik</option>
<option>Mathematik</option>
<option>Physik</option>
</field>

<field name="semester" type="number">
<prompt>Welches Semester in <value expr="fach"/>?</prompt>
</field>

<block>
<prompt>Erkannt wurde: Fach <value expr="fach"/>
        Semester <value expr="semester"/></prompt>
```

```
<submit next="http://localhost/cgi-bin/notenauskunft"
  namelist="fach semester"/>
</block>

</form>
```

Das erste Feld mit dem Namen `fach` enthält zunächst die Eingabeaufforderung. Die möglichen Werte sind durch `option`-Elemente direkt eingetragen. Der FIA generiert daraus eine passende Grammatik für den Spracherkenner. Bei dem zweiten Feld `semester` werden die Eingabemöglichkeiten über die Typ-Spezifikation `number` festgelegt. Mit dieser Angabe wird eine so genannte *builtin-Grammatik* – in diesem Fall für Zahlen – aktiviert. Die Grundtypen, die durch derartige builtin-Grammatiken unterstützt werden, sind wiederum im Standard spezifiziert. Allerdings ist dies ein optionales Leistungsmerkmal, das nicht unbedingt von allen Voice Browsern unterstützt werden muss.

Als implizite Bestätigung enthält die Ausgabe im Semester-Feld das erkannte Fach. Dazu wird das zuvor gefüllte Fach-Feld über ein `value`-Element angesprochen. Der Ausdruck im Attribut `expr` besteht hier nur aus dem Namen der gewünschten Variablen. Im Allgemeinen können an dieser Stelle auch komplexe Ausdrücke gemäß der ECMA[1] Definition für eine Skript-Sprache [ECM99] wie JavaScript stehen. Als Beispiel für die damit gewonnene Flexibilität kann mit der Konstruktion

```
<audio expr="'ansagen\\'+fach+'.wav'"/>
```

die zu dem erkannten Fach passende Datei ausgegeben werden. Eine andere Möglichkeit ist, durch

```
<audio expr="'text'+Math.floor(Math.random()*3)+'.wav'"/>
```

über den Zufallszahlengenerator der Skriptsprache zufällig eine von drei Dateien mit dem Namen `text0.wav` bis `text2.wav` abspielen lassen. Durch die Variation von Ausgaben kann ein Dialog abwechslungsreicher gestaltet werden.

Sind die beiden Eingaben erfolgt, so wird in einem abschließenden Block nochmals das Erkennungsergebnis ausgegeben. Dann wird über das `submit`-Element zu einem neuen Dokument gewechselt. In dem Attribut `next` steht die Adresse. Die Parameterwerte werden zusätzlich in dem `namelist`-Attribut übergeben. Auf diese Art und Weise kommuniziert die Anwendung mit anderen Systemen. In dem Beispiel wird auf dem lokalen Webserver ein Skript namens `notenauskunft` gestartet. Dieser Skript ermittelt für die übergebene Kombination von Fach und Semester – beispielsweise durch eine Datenbankanfrage – die Note. In dem Beispiel wird davon ausgegangen, dass vorher bereits der Name eingegeben wurde. Mit

---

[1]European Computer Manufacturers Association

dem Resultat wird ein neues VoiceXML-Dokument generiert, mit dem die Verarbeitung fortgesetzt wird. In dem neuen Dokument kann mittels eines Prompts die Note ausgegeben werden. Weiterhin kann das Dokument auf den nächsten Dialogschritt verweisen. Der Dialog könnte dann wie folgt ablaufen:

Beispiel 10.5 *Beispieldialog für Formular Notenabfrage.*

System:	*Von welchem Fach moechten Sie Ihre Note wissen?*
Benutzer:	*Mathematik*
System:	*Welches Semester in Mathematik*
Benutzer:	*Drei*
System:	*Erkannt wurde: Fach Mathematik Semester Drei*
	Herzlichen Glückwunsch, Sie haben in dieser Klausur eine Eins.
	Moechten Sie eine weitere Note abfragen?

Eine vereinfachte Darstellung ist für die häufig verwendeten Auswahlmenüs mit dem Element menu möglich. Als Beispiel kann die Auswahl des Fachs wie folgt angegeben werden:

```
<menu>
  <prompt>
    Bitte waehlen Sie aus: <enumerate/>
  </prompt>
  <choice next="informatik.vxml">
    Informatik
  </choice>
  <choice next="mathematik.vxml">
    Mathematik
  </choice>
  <choice next="physik.vxml">
    Physik
  </choice>
</menu>
```

Der enumerate-Tag bewirkt, dass an dieser Stelle die möglichen Eingaben aufgezählt werden. In jedem Auswahlfeld ist ein Folgedokument eingetragen, zu dem der Dialog bei der Eingabe des Menüpunktes verzweigt. Ein Dialog hat dann folgendes Aussehen:

Beispiel 10.6 *Beispieldialog für Auswahlmenü.*

System:	*Bitte waehlen Sie aus: Informatik, Mathematik, Physik*
Benutzer:	*Informatik*
System:	*Zur Vorlesung Informatik ...*

10.6.2 Ereignisse

Ein großer Anteil der Entwicklungsarbeit für einen Sprachdialog steckt in der Behandlung der diversen Fehlermöglichkeiten. Ein gut ausgearbeiteter Dialog wird auf Fälle wie

- keine Eingabe

- unverständliche Eingabe (entspricht nicht der aktuellen Grammatik)

- unsichere Eingabe (sehr geringer Abstand zwischen bester und zweitbester Alternative)

- Systemfehler (keine Verbindung zum Server o. ä)

angemessen reagieren. Darüber hinaus sollte in jedem Dialogzustand die Hilfefunktion aktiviert werden können. Es wäre sehr aufwändig, für alle diese Möglichkeiten eigene Dialogzustände einzuführen. In VoiceXML wurde daher für diese Fälle ein Ereignis-gesteuerter Mechanismus eingebaut. Im Standard wurde eine Reihe von Ereignissen definiert, die so genannte *Events* auslösen. In der Dialogbeschreibung können dann Event-Handler definiert werden, die beim Auftreten der Ereignisse aktiviert werden. Insgesamt handelt es sich um einen komplexen Mechanismus, der sehr flexibel eingesetzt werden kann. Das Grundprinzip soll an einem Event-Handler für das Überschreiten der maximalen Wartezeit in dem Fach-Feld gezeigt werden. Dazu wird der prompt-Tag um ein Attribut timeout ergänzt, in dem die maximale Wartezeit festgelegt wird. Der zugehörige Event-Handler wird als noinput-Tag angegeben:

```
<field name="fach">
<prompt timeout="4s">
Von welchem Fach moechten Sie Ihre Note wissen? </prompt>
<noinput>
Wie bitte?
</noinput>
<option>Bwl</option>
...
```

Erfolgt innerhalb der vorgegebenen Zeit keine Eingabe, so wird automatisch der Text aus dem noinput-Element ausgegeben. Anschließend wird die Erkennung erneut gestartet. Es gibt in VoiceXML vielfältige Möglichkeiten, Event-Handler zu implementieren. Event-Handler können entweder für ein einzelnes Dialogelement oder übergreifend für Formulare, Dokumente oder die ganze Applikation angelegt werden. Während der Ausführung wählt der FIA den passenden Handler aus der Hierarchie aus. Über ein Attribut count können weiterhin unterschiedliche Event-Handler für das mehrfache Auftreten desselben Ereignisses spezifiziert werden. So könnte eine gestufte Fehlerbehandlung wie folgt umgesetzt werden:

```
<field name="fach">
<prompt timeout="4s">
Von welchem Fach moechten Sie Ihre Note wissen? </prompt>
<noinput count="1">
Wie bitte?
</noinput>
<noinput count="2">
Ich habe leider nichts gehört, bitte sprechen Sie etwas lauter.
</noinput>
<noinput count="3">
Offensichtlich haben wir ein technisches Problem.
Bitte rufen Sie später wieder an.
</noinput>
<option>Bwl</option>
...
```

10.6.3   Gemischte Initiative

Mit den vorgestellten Elementen können leicht systemgeführte Dialoge realisiert
werden. Darüber hinaus wird auch das Konzept von Dialogen mit gemischter
Initiative unterstützt. Die Realisierung erfolgt mit den Elementen initial und
filled. Über initial-Elemente wird festgelegt, mit welcher Ausgabe die Bearbeitung des Formulars beginnt. Die zu diesem Zeitpunkt möglichen Eingaben werden durch eine formularweit gültige Grammatik spezifiziert. Anschließend werden
die einzelnen Felder definiert. Nach jeder Eingabe werden die passenden Felder
gefüllt. Dann wird das nächste noch freie Feld gesucht und ausgeführt. Welche
Aktionen auszuführen sind, wird durch filled-Elemente spezifiziert. Über das
Attribut mode mit dem Wert all oder any und einer Liste von Eingabeelemen-
ten in einem namelist-Attribut lässt sich das Verhalten im Detail regeln. Ein
entsprechendes Formular für die Notenabfrage hat folgendes Aussehen:

```
<form>
    <grammar src="alles.gram" type="text/srgs" scope="document"/>

    <initial name="startpunkt">
     <prompt>
     Herzlich willkommen bei der Notenauskunft.
     Welche Information möchten Sie?
     </prompt>
    </initial>

    <field name="fach">
    <grammar src="fach.gram" type="text/srgs"/>
```

```
<prompt>
Zu welcher Klausur moechten Sie Informationen?
</prompt>
</field>

<field name="semester">
<grammar src="semester.gram" type="text/srgs"/>
<prompt> Welches Semester? </prompt>
</field>

<filled mode="all">
<submit next="http://localhost/cgi-bin/notenauskunft"
        namelist="fach semester"/>
</filled>

</form>
```

In diesem Beispiel wird in jedem Feld eine eigene Grammatik eingesetzt. Die formularweit definierte Grammatik bleibt weiterhin aktiviert, so dass Eingaben gemäß beider Grammatiken möglich sind. Bleibt die Frage, wie die Zuordnung des Erkennungsergebnisses zu den einzelnen Feldern erfolgt. Hierzu dienen die *Tags* zu den Grammatikregeln. In einem Tag stehen Anweisungen, die ausgeführt werden, sobald die Regel verwendet wird. Ziel ist es, aus dem erkannten Text eine semantische Repräsentation abzuleiten. Das folgende Beispiel zeigt eine Realisierung für die Grammatik zur Notenabfrage:

```
public $eingabe =
[$bitte] $fach {this.fach=$fach} |
[$bitte] $fach {this.fach=$fach} $zahl {this.semester=$zahl}
;

private $fach = Physik | Informatik | Mathematik;
private $zahl = Eins | Zwei | Drei;
private $bitte = Bitte | Ich wuesste gerne;
```

In der Grammatik sind zwei Möglichkeiten – Fach alleine oder Fach mit Semesterzahl – vorgesehen. Die jeweils erkannten Werte werden mit einer ECMA-Anweisung in die passenden Variablen kopiert. Als Zielvariablen dienen die Namen der Felder im VoiceXML-Dokument. Im Sinne der Slot-Filling Strategie entsprechen die einzelnen Felder den zu füllenden Slots.

Die Grammatik erlaubt als Beispiel für natürlichsprachliche Eingaben, die Abfrage optional mit *Bitte* oder *Ich wüsste gerne* einzuleiten. Über die `bitte`-Regel werden diese Eingaben erkannt. Allerdings ist mit ihnen keine semantische Interpretation verbunden. Die Wörter werden zwar erkannt, aber nicht weiter verwendet. Das Beispiel soll einen Einblick in den Mechanismus der semantischen Interpretation auf Grammatik-Ebene vermitteln. Der W3C-Vorschlag *Semantic Interpretation for Speech Recognition* [Tic03] behandelt dieses Thema im Detail.

10.7 Übungen

Übung 10.1 *Notenauskunft*
Vervollständigen Sie die Anwendung durch Felder für Matrikelnummer und PIN-Code.

Übung 10.2 *Eintrittskarten*
Schreiben Sie ein VoiceXML-Formular mit passenden Ansagen, um Karten für Sport-Veranstaltungen zu verkaufen. Vorschläge für den Umfang:

- *Auswahlmöglichkeit unter* Fussball, Golf, Schwimmen *und* Tennis

- *Angabe der Anzahl der Karten (zwischen 1 und 5).*

- *Am Ende soll die Benutzerin / der Benutzer eine Bestätigung erhalten und die Kartenbestellung mit einem* submit *ausgeführt werden.*

Kapitel 11

Friedberger Java-Sprach-Tools

11.1 Einleitung

Mit HTK steht eine leistungsfähige Umgebung zur Entwicklung von Hidden-Markov-Modellen zur Verfügung. Als Ergänzung dazu wurden Anwendungen für die folgenden drei Themen realisiert:

- DTW-Erkenner

- Anzeige und Bearbeitung von Sprachaufnahmen

- Dialogsteuerung

Alle Anwendungen sind in der Programmiersprache Java geschrieben und damit weitgehend plattformunabhängig. Alle Programme sind frei verfügbar. Soweit möglich wurden die Standards von HTK berücksichtigt. Insbesondere werden in dem Programm zur Dialogsteuerung der HTK-Erkenner verwendet. Im Folgenden werden die einzelnen Anwendungen kurz vorgestellt.

11.2 DTW-Erkenner fbdtw

Die Anwendung `fbdtw` stellt eine einfache Realisierung eines Erkennungssystems auf der Basis des DTW-Verfahrens dar. Bei der Entwicklung wurde der Schwerpunkt auf Offenheit und Flexibilität gelegt.

Um ein Wort zu trainieren, muss ein Benutzer eine vorgegebene Anzahl (Standard 3) von Referenzäußerungen aufsprechen. Jede aufgezeichnete Äußerung wird unmittelbar graphisch dargestellt. Der Benutzer kann dann offensichtlich schlechte Referenzen – beispielsweise bei einem Fehler der Wortgrenzendetektion – ablehnen und neu aufsprechen.

Jede Äußerung wird in einer eigenen Datei gespeichert. Der Name der Datei wird aus dem Wort beziehungsweise der Wortfolge, dem Trennzeichen # und einem fortlaufenden Zähler gebildet. Ein Beispiel dafür ist:

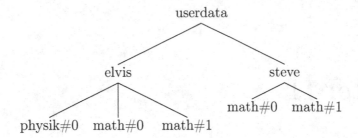

Abbildung 11.1: Verzeichnisstruktur in `fbdtw`, Beispiel mit zwei Benutzern (elvis und steve)

physik#2.wav

physik	#	2	.wav
Wort	Trennzeichen	Zähler	Dateiendung

In diesem Fall wurde das Wort *Physik* gesprochen. Die Datei enthält die zweite Äußerung dieses Wortes des aktuellen Sprechers. Mehrere Wörter in einer Äußerung werden im Dateinamen durch das _-Zeichen getrennt. Im Programm `fbdtw` werden alle Audiodaten unkomprimiert im WAV-Format abgespeichert.

Das Programm unterstützt mehrere Benutzer. Für jeden Benutzer wird ein eigenes Verzeichnis angelegt. Alle Referenzen eines Sprechers werden dann in sein Verzeichnis geschrieben. Die verschiedenen Verzeichnisse befinden sich in einem gemeinsamen Hauptverzeichnis (Standardname `userdata`). Bild 11.1 zeigt den Aufbau an einem Beispiel mit zwei Benutzern.

Dieses Konzept ist dafür vorgesehen, mehrere Benutzer zu verwalten. Es ist darüber hinaus geeignet, ein größeres Vokabular in Wortgruppen zu unterteilen. In einer konkreten Anwendung sind dann zu einem Zeitpunkt in Abhängigkeit vom Dialogzustand nur einige der Teilgruppen aktiviert. In `fbdtw` können im Erkennungsmodus beliebig viele der vorhandenen Benutzer oder Wortgruppen gleichzeitig verwendet werden. Während des Trainings darf allerdings nur genau ein Benutzer aktiv sein, da sonst eine eindeutige Zuordnung nicht möglich wäre.

Die gesamte Information zu den Referenzen ist in den Namen der Verzeichnisse und der Audiodateien kodiert. Daher ist die Verwaltung sehr einfach. Neben den von der Anwendung angebotenen Möglichkeiten kann man auch direkt die Dateien kopieren, löschen oder umbenennen. So kann man beispielsweise einen Benutzer von einem anderen System übernehmen, indem man das entsprechende Unterverzeichnis kopiert.

Bild 11.2 zeigt die Anwendung. Sie besteht aus einem Hauptfenster mit der Benutzerverwaltung und einem Knopf zur Aktivierung der Erkennung sowie einigen Informationsfenstern. Es sind in diesem Fall drei Benutzer eingerichtet (`steve`, `test` und `tmp`), von denen aber nur der erste aktiviert ist. Sein Vokabular besteht aus 11 Städtenamen. Die letzte Testäußerung ist im Fenster unter dem Hauptfenster dargestellt. Erkannt wurde *Berlin*. Zum Vergleich sind alle Abstandswerte in einem Ergebnisfenster angegeben.

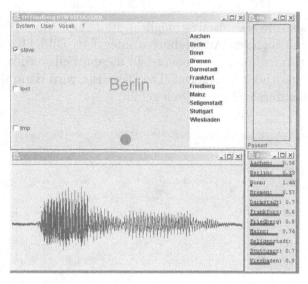

Abbildung 11.2: Das DTW-Programm `fbdtw`

Standardmäßig werden auch alle Testäußerungen abgespeichert. Dazu wird ein Verzeichnis `autosave` mit Unterverzeichnissen für die einzelnen Sprecher angelegt. Ist nur ein Sprecher aktiv, wird die Testäußerung in das zugehörige Verzeichnis gelegt. Ein spezielles Unterverzeichnis *unknown* ist für nicht eindeutig zuzuordnende Äußerungen vorgesehen. In allen Fällen wird der Dateiname in der Form `in#n.wav` gebildet, wobei n wieder ein fortlaufender Zähler ist. Eine Datei mit dem gleichen Namen und der Endung `mlf` enthält das Erkennungsergebnis.

11.3 FBVIEW

Ein zentrales Werkzeug für die verschiedenen Experimente ist `fbview`. Ursprünglich zur Darstellung von Audiodateien mit dem Schwerpunkt auf den schnellen Zugriff auf eine lange Liste solcher Dateien entwickelt, wurden im Laufe der Zeit mehr und mehr Möglichkeiten integriert [Eul05]. Die Basisfunktionen sind:

- Schneller Zugriff auf Dateien aus einer Liste

- Gleichzeitige Darstellung mehrerer Dateien oder mehrerer Kanäle einer entsprechenden Datei.

- Unterstützung für verschiedene Dateiformate sowohl für Audiodaten als auch Transkriptionen.

- Funktionen zum Bearbeiten der Audiodaten.

- Eingeben und Verändern von Transkriptionen.

Darüber hinaus sind diverse Analysemöglichkeiten sowie eine Schnittstelle zum Datenaustausch mit anderen Anwendungen integriert. Bild 11.3 zeigt das Programm bei einem Aufruf ohne Argumente. In diesem Fall werden vier, zunächst leere Fenster für Sprachdaten angelegt. Die Dateiliste wird dann über ein Dateiauswahl-Menü oder durch *Drag & Drop* gefüllt.

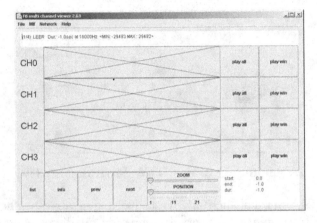

Abbildung 11.3: Das Programm `fbview`

Bild 11.4 zeigt ein Beispiel nach dem Laden von Dateien. Im zentralen Fenster sind die Signale aus vier Dateien dargestellt. Ein weiteres Fenster enthält Informationen über die vier Dateien. In dem Beispiel handelt es sich um Dateien im WAV-Format und in dem Fenster sind die Informationen aus dem jeweiligen Dateikopf zusammengestellt. In dem Transkriptions-Fenster wird als Überschrift der Namen der ersten dargestellten Datei zusammen mit Angaben zur Dauer und zum Wertebereich dargestellt. Darunter befinden sich die Transkriptionen für die aktuellen Dateien.

Nur die in den Fenstern wiedergegebenen Dateien sind tatsächlich geöffnet. Wechselt man zu anderen Dateien, so werden eventuelle Änderungen gespeichert und die Dateien geschlossen. Dadurch können ohne Probleme auch sehr lange Dateilisten bearbeitet werden.

In einem eigenen Fenster ist die Liste aller Dateien eingetragen. Dieses Fenster dient zur schnellen Navigation durch die Dateien. Wählt man eine Datei aus der Liste aus, so wird die mit damit beginnende Gruppe von in diesem Fall vier Dateien aktiviert. Alternativ kann man über die `prev`- und `next`-Schalter zur jeweils nächsten oder vorherigen Gruppe wechseln.

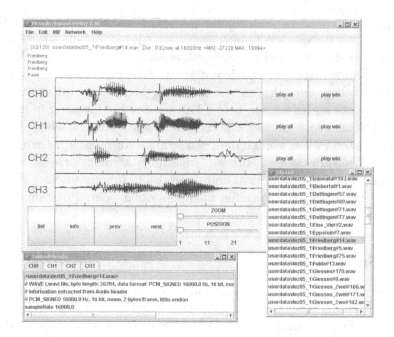

Abbildung 11.4: Das Programm `fbview` nach Laden von Dateien

11.3.1 Dateiformate

Das Programm benutzt die Standardbibliotheken von Java zum Lesen der Audiodateien. Dabei versucht es, jede Datei als audio input stream zu öffnen. Falls es sich um ein von den Standardmethoden unterstütztes Format handelt, werden anschließend die Details des Formats über entsprechende Methodenaufrufe abgefragt. Anderenfalls, d. h. wenn ein Ausnahmefehler vom Typ UnsupportedAudioFile auftritt, sucht `fbview` nach einem Dateikopf gemäß dem NIST SPHERE-Format. Wird auch dieser nicht gefunden, wird die Datei als einfache Folge von Abtastwerten behandelt. Mit diesem Vorgehen werden automatisch die verschiedensten WAV-Formate erkannt, allerdings unterstützt `fbview` bis jetzt nur Monodateien mit 16 bit PCM-Werten. Neben den Mono-Formaten sind zwei Spezialformate für mehrkanalige Aufnahmen implementiert:

- 4-kanaliges Dateiformat wie in dem Forschungsprojekt SpeechDat-Car definiert [MLD$^+$00][Dra99]

- ASCII-Dateien: jede Spalte wird als eigener Kanal interpretiert.

Es ist allerdings bisher nicht möglich, in einem Aufruf ein- und mehrkanalige Dateien gleichzeitig zu behandeln.

Für die Speicherung der Transkription gibt es verschiedene Vorgehensweisen. Sie kann im Dateikopf in der Audiodatei selbst eingetragen oder in getrennten Dateien gehalten werden. In HTK können die Transkriptionen zu mehreren Dateien gemeinsam in so genannten *master label files* (MLFs) abgelegt werden. Obwohl es auch andere Formate wie NIST unterstützt, ist `fbview` für die Verwendung von MLFs optimiert. So ist es beispielsweise über einen entsprechenden Menüpunkt möglich, aus einer Liste von Dateien, die der oben beschriebenen Namenskonvention entsprechen, ein MLF zu erzeugen. Ein MLF kann Informationen über einzelne Segmente enthalten. In diesem Fall werden die Grenzen in den Sprachdaten eingezeichnet und mit der zugehörigen Beschriftung versehen.

In den meisten Fällen werden die Dateiformate automatisch erkannt und die zugehörigen Transkriptionen gefunden. Allerdings können nicht alle möglichen Kombinationen abgedeckt werden, und einige Fälle führen zu einer fehlerhaften Darstellung. Dann ist es notwendig, über Optionen beim Programmaufruf die richtigen Parameterwerte einzustellen.

11.3.2　Signalanalyse

Für eine dargestellte Wellenform kann eine spektrale oder cepstrale Analyse des markierten Bereichs ausgeführt werden. Das Ergebnis wird für jedes Signal in einem eigenen Fenster dargestellt. Bild 11.5 zeigt ein Beispiel. Sowohl das FFT- als auch das LPC-Spektrum sind eingetragen. Es ist möglich, einige Spektren für Vergleiche mit anderen Spektren als Referenz festzuhalten.

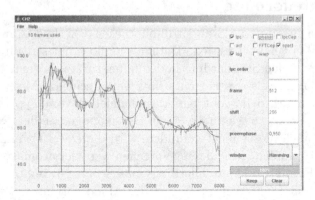

Abbildung 11.5: Die Spektralanalyse in `fbview`

Neben der direkten spektralen Analyse ist auch eine Korrelationsanalyse zwischen den einzelnen Signalen realisiert. Weiterhin kann für den selektierten Abschnitt der Wertebereich sowie ein Histogramm angezeigt werden.

11.3.3　Transkriptionen

Die Transkriptionen werden in einem Bereich über den Audiodaten angezeigt. Es handelt sich um ein Java-Standardelement zur Textdarstellung. Damit werden alle üblichen Methoden zur Textbearbeitung und insbesondere auch der Austausch mit anderen Anwendungen per Ausschneiden und Einfügen unterstützt.

Um die mühsame und zeitaufwändige Arbeit des Verschriftens zu vereinfachen, ist ein Vokabularfenster vorgesehen. Dieses Fenster enthält für jedes zuvor in einer Liste angegebene Wort einen Schalter. Wird dieser Schalter betätigt, so wird automatisch das zugehörige Wort in die Transkription der zuletzt verwendeten Aufnahme übernommen. Speziell bei kleinen Wortschätzen ermöglicht diese Eingabe eine rasche Bearbeitung längerer Listen von Aufnahmen. Gleichzeitig werden durch die automatische Übergabe Schreibfehler verhindert.

11.3.4 TCP-Schnittstelle

Andere Anwendungen können mit `fbview` Daten über eine TCP-Schnittstelle austauschen. Als Portadresse ist der Wert 1958 eingestellt. Folgende Befehle sind derzeit implementiert:

- NEW $s_1\ s_2\ s_3\ \ldots\ s_n$;
  Aus den n Zahlenwerten wird ein internes Audio-Objekt erzeugt. Das Objekt wird an die Liste der Dateien angehängt. Falls gewünscht, kann dieses Objekt später in einer Datei gespeichert werden.

- GET
  Nach Erhalt dieses Befehls schickt `fbview` die Abtastwerte der Aufnahme zurück.

- SR r
  Die Abtastrate für die weiteren NEW-Befehle wird auf den Wert r gesetzt.

Bisher wird nur die Darstellung der Zahlen als ASCII-Werte unterstützt. Damit ist eine große Flexibilität gegeben. Bei größeren Aufnahmen entstehen allerdings relativ lange Übertragungszeiten. Sofern erforderlich, kann zukünftig die Schnittstelle leicht auf die effiziente Übertragung von Binärwerten umgestellt werden.

11.4 FBGenerator

Ein einfaches Beispiel für die Verwendung der TCP-Schnittstelle ist das Programm `FBGenerator`. Mit diesem Programm können verschiedene Testsignale erzeugt werden. Die Signale werden dann an `fbview` gesendet und dort als neues Objekt eingebaut. Bild 11.6 zeigt die graphische Oberfläche mit den diversen Einstellmöglichkeiten.

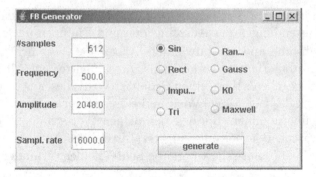

Abbildung 11.6: Graphische Oberfläche für FBGenerator

11.5 VoiceXML Interpreter

Zum Testen einfacher VoiceXML-Dialoge (siehe Abschnitt 10.6) wurde ein entsprechender Interpreter realisiert. Die Anwendung besteht aus einer Anzahl von
Java-Klassen. Spracheingaben und Ausgaben erfolgen über die Audio-Schnittstelle
von Java. Für die Spracherkennung wird das HTK-Tool HVite eingesetzt. Bild
11.7 zeigt die graphische Oberfläche mit dem Ausgabefenster für die Dialogmel-
dungen und die Erkennungsergebnisse.

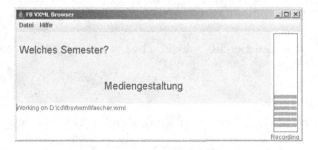

Abbildung 11.7: Graphische Oberfläche für FBSV

Anhang A

Hidden-Markov-Modelle

In den Kapitel 6 und 7 wurden Grundlagen und Einsatzmöglichkeiten von Hidden-Markov-Modellen ausführlich behandelt. Zwei Themen, die dort im Sinne der Übersichtlichkeit nur knapp dargestellt wurden, werden in diesem Kapitel nochmals aufgegriffen. Zunächst werden die Optimierungsvorschriften des Baum-Welch-Algorithmus hergeleitet. Dabei wird der Fall kontinuierlicher HMMs mit sphärisch invarianten Dichten betrachtet. Anschließend wird gezeigt, wie Probleme der endlichen Darstellungsgenauigkeit durch Skalierungsmaßnahmen vermieden werden können.

A.1 Baum-Welch-Algorithmus

Ausgangspunkt ist die Wahrscheinlichkeit für eine Symbolfolge Y bei bekannter Zustandsfolge Q und den Modellparametern M

$$P(Y|Q, M) = \prod_{t=1}^{T} p(y_t|Q_t) \cdot \pi_{Q_1} \prod_{t=2}^{T} a_{Q_{t-1}^n Q_t} \ . \tag{A.1}$$

Für jede sphärisch invariante Dichte

$$p(y) = (\det \mathbf{M})^{-1/2} f\left((y - \mu)^T \mathbf{M}^{-1} (y - \mu)\right) \ , \tag{A.2}$$

die die Kolmogoroffschen Konsistenzbedingungen [Doo90] erfüllen, existiert auf dem Interval $[0, \infty]$ eine Verteilungsfunktion G, so dass mit der Bezeichnung $N(y; \mathbf{m}, \mathbf{M})$ für eine mehrdimensionale Gaußdichte die Darstellung

$$p(y) = \int_0^\infty N(y; \mathbf{m}, v^2 \mathbf{M}) \, dG(v) \tag{A.3}$$

gilt. Die explizite Form von G wird für die weiteren Betrachtungen nicht benötigt, so dass die Darstellung (A.3) keine Einschränkung der Allgemeinheit bedeutet.

Für (A.1) erhält man durch Einsetzen und Vertauschen der Produktbildung mit der Integration

$$p(Y|Q, M) = \int_{R_+^T} \pi_{Q_1} \cdot \prod_{t=2}^T a_{Q_{t-1}Q_t} \cdot \prod_{t=1}^T N(y_t; m_{Q_t}, v_t^2 \mathbf{M}_{Q_t}) \, dG(v_1) \dots dG(v_T) \quad \text{(A.4)}$$

mit der Abkürzung

$$R_+^T = [0, \infty)^T \ .$$

Dieses Integral entspricht dem Erwartungswert der Ordnung T bezüglich der Verteilungsfunktion G

$$p(Y|Q, M) = E\{L_M(Y, Q)\} \ , \quad \text{(A.5)}$$

wobei man $L_M(Y, Q)$ als Abkürzung für den Integranden in (A.4) einführt. Damit nimmt die gesuchte Wahrscheinlichkeit die übersichtliche Form

$$p(Y|M) = \sum_r E\{L_M(Y, Q^r)\} \quad \text{(A.6)}$$

an. Zur weiteren Ableitung des Iterationsverfahrens betrachtet man die Funktion $D(M, M')$ zweier Parametersätze M und M'

$$D(M, M') = \sum_r E\left\{L_M(Y, Q^r) \cdot \log L_{M'}(Y, Q^r)\right\} \quad \text{(A.7)}$$

mit der Eigenschaft

$$D(M, M') - D(M, M) = \sum_r E\left\{L_M(Y, Q^r) \cdot \log \frac{L_{M'}(Y, Q^r)}{L_M(Y, Q^r)}\right\} \ . \quad \text{(A.8)}$$

Im Sinne der Kullback-Leibler-Statistik bildet die Differenz ein informationstheoretisches Maß für die Unterscheidbarkeit zwischen M und M' bezüglich Y [KL51]. Entsprechend der Ungleichung

$$\log x \leq x - 1$$

folgt weiterhin

$$D(M, M') - D(M, M) \leq \sum_r E\left\{L_M(Y, Q^r) \cdot \left(\frac{L_{M'}(Y, Q^r)}{L_M(Y, Q^r)} - 1\right)\right\} \ . \quad \text{(A.9)}$$

Nach Ausmultiplizieren lässt sich dieser Ausdruck als

$$\begin{aligned} D(M, M') - D(M, M) &\leq \sum_r E\left\{L_{M'}(Y, Q^r) - L_M(Y, Q^r)\right\} \\ &= p(Y|M') - p(Y|M) \end{aligned} \quad \text{(A.10)}$$

schreiben. Für D und P gilt demnach der Zusammenhang

$$D(M, M') > D(M, M) \quad \Rightarrow \quad p(Y|M') > p(Y|M) \quad . \tag{A.11}$$

Für ein Iterationsverfahren, das M' aus M und Y so bestimmt, dass $D(M, M')$ maximal wird, ist demnach ein monotones Anwachsen von P gewährleistet. Weiterhin gilt für den Gradienten von p

$$\begin{aligned}
\nabla_M p(Y|M) &= \sum_r E\{\nabla_M L_M(Y, Q^r)\} \\
&= \sum_r E\{L_M(Y, Q^r) \cdot \nabla_M \log L_M(Y, Q^r)\} \\
&= \nabla_{M'} D(M, M')|_{M'=M} \quad .
\end{aligned} \tag{A.12}$$

Jedes Extremum von p ist demnach entsprechend

$$\nabla_M p(Y|M) = 0 \quad \Leftrightarrow \quad \nabla_{M'} D(M, M')|_{M'=M} = 0 \tag{A.13}$$

ein Fixpunkt des oben beschriebenen Iterationsverfahrens. Damit ist bewiesen, dass jeder Iterationsschritt zu einem Anwachsen von p führt, bis schließlich ein Maximum erreicht wird. Da darüber hinaus das globale Maximum von D zugleich das einzige Extremum ist [Jua84][Lip82], genügt als Bedingung für die neuen Parameter M' das Verschwinden der partiellen Ableitungen von D. Man berechnet einen neuen Parameter θ' als Lösung der Gleichung

$$\frac{\partial}{\partial \theta'} D(M, M') \stackrel{!}{=} 0 \quad , \tag{A.14}$$

wobei θ' einen einzelnen Parameter aus M' bezeichnet. Für einige der Parameterwerte sind Randbedingungen zu beachten. So müssen beispielsweise die a'_{ij} als Wahrscheinlichkeiten per Definition alle zwischen 0 und 1 liegen. Weiterhin muss für jeden Zustand i die Normierungsbedingung

$$\sum_{j=1}^{N} a'_{ij} = 1 , \quad 1 \le i \le N \tag{A.15}$$

für die Summe aller Übergangswahrscheinlichkeiten erfüllt werden. Entsprechende Normierungsbedingungen gelten für die Symbolwahrscheinlichkeiten in diskreten HMM oder die Gewichte der einzelnen Dichtekomponenten. Zur Extremwertbestimmung mit derartigen Nebenbedingungen wird das Verfahren der Lagrange-Multiplikatoren benutzt. Man erhält mit (A.15) die Bestimmungsgleichung

$$0 = \frac{\partial}{\partial a'_{ij}} \left(S(M, M') - \lambda \cdot \left(\sum_{k=1}^{N} a'_{ik} - 1 \right) \right) \tag{A.16}$$

mit dem Lagrange-Multiplikator λ. Ausführen der partiellen Differentiation liefert

$$0 = \sum_r E\left\{ L_M(Y, Q^r) \cdot \sum_t 1/a'_{ij} \right\} - \lambda \tag{A.17}$$

$$t = \left\{ t \mid Q^r_{t-1} = q_i, Q^r_t = q_j \right\} \ .$$

Nach Vertauschen der beiden Summationen und Multiplikation mit a'_{ij} erhält man

$$\lambda\, a'_{ij} = \sum_{t=2}^{T} P_M(Y | Q_{t-1} = q_i, Q_t = q_j) \ . \tag{A.18}$$

Summation über alle j liefert für λ die Bestimmungsgleichung

$$\lambda = \sum_{t=2}^{T} P_M(Y | Q_{t-1} = q_i) \ , \tag{A.19}$$

und Einsetzen in (A.18) führt schließlich zu dem gesuchten Zusammenhang

$$a'_{ij} = \frac{\sum\limits_{t=2}^{T} P_M(Y | Q_{t-1} = q_i, Q_t = q_j)}{\sum\limits_{t=2}^{T} P_M(Y | Q_{t-1} = q_i)} \ . \tag{A.20}$$

Ausgedrückt mit den Vorwärts- und Rückwärtswahrscheinlichkeiten (6.21) und (6.25) erhält man die Form

$$a'_{ij} = \frac{\sum\limits_{t=1}^{T-1} \alpha_t(i) \cdot a_{ij} \cdot b_j(y_{t+1}) \cdot \beta_{t+1}(j)}{\sum\limits_{t=1}^{T} \alpha_t(i) \cdot \beta_t(j)} \ . \tag{A.21}$$

Da alle in (A.21) auftretenden Größen als Wahrscheinlichkeitswerte größer oder gleich Null sind, sind auch die neuen Schätzwerte positiv. Bei kontinuierlichen Modellen mit zustandsspezifischen Dichten in der Form

$$p(y) = \sum_{l=1}^{L} c_l \cdot N(y; \mathbf{m}_l, \mathbf{M}_l) \tag{A.22}$$

umfasst der Parametersatz neben den Anfangs- und Übergangswahrscheinlichkeiten für jeden der N Modellzustände jeweils L Gewichtsfaktoren, Mittelwertsvektoren und Kovarianzmatrizen

$$M = (\pi, \mathbf{A}, \mathbf{c}_1, \dots, \mathbf{c}_N, \mathbf{m}_{11}, \dots, \mathbf{m}_{NL}, \mathbf{M}_{11}, \dots, \mathbf{M}_{NL}) \ . \tag{A.23}$$

Dann findet man für die Gewichtsfaktoren

$$c'_{jl} = \frac{\sum\limits_{t=1}^{T} \rho_t(j, l) \cdot \beta_t(j)}{\sum\limits_{t=1}^{T} \alpha_t(j) \cdot \beta_t(j)} \ , \tag{A.24}$$

die Mittelwertsvektoren

$$\mathbf{m}'_{jl} = \frac{\sum\limits_{t=1}^{T} \rho_t(j,l) \cdot \beta_t(j) \cdot \mathbf{y}_t}{\sum\limits_{t=1}^{T} \rho_t(j,l) \cdot \beta_t(j)} \quad , \tag{A.25}$$

und die Kovarianzmatrizen

$$\mathbf{M}'_{jl} = \frac{\sum\limits_{t=1}^{T-1} \rho_t(j,l) \cdot \beta_t(j) \cdot (\mathbf{y}_t - \mathbf{m}_{jl}) \cdot (\mathbf{y}_t - \mathbf{m}_{jl})^T}{\sum\limits_{t=1}^{T} \rho_t(j,l) \cdot \beta_t(j)} \tag{A.26}$$

mit den Abkürzungen

$$\rho_t(j,l) = \begin{cases} c_{il} \cdot b_{il}(s_1) & : \quad t = 1 \\ \sum\limits_{j=1}^{N} \alpha_{t-1}(j) \cdot a_{ij} \cdot c_{il} \cdot b_{il}(s_t) & : \quad 2 \le t \le T \end{cases} \tag{A.27}$$

sowie

$$\begin{aligned} b_{il}(s_t) &= N(s_t; m_{il}, \mathbf{M}_{il}) \\ s_t &= (\mathbf{y}_t - \mathbf{m}_{jl})^T \cdot \mathbf{M}_{il}^{-1} \cdot (\mathbf{y}_t - \mathbf{m}_{jl}) \quad . \end{aligned} \tag{A.28}$$

Die Gleichungen (A.21) und (A.24) bis (A.26) definieren das iterative Optimierungsverfahren.

In der Regel ist nicht nur eine einzige Folge Y, sondern eine Schar von Folgen $Y^1, \ldots, Y^K$ vorgegeben. Die Iterationsformeln lassen sich leicht auf diesen Fall erweitern. Alle in den Iterationsgleichungen vorkommenden Summationsterme können als Auftrittshäufigkeiten interpretiert und dementsprechend durch zusätzliche Summation über den Scharindex k gewonnen werden. Als Beispiel sei der so erweiterte Ausdruck für die neuen Übergangswahrscheinlichkeiten

$$a'_{ij} = \frac{\sum\limits_{k=1}^{K} \sum\limits_{t=1}^{T^k-1} \alpha_t^k(i) \cdot a_{ij} \cdot b_j^k(y_{t+1}) \cdot \beta_{t+1}^k(j)}{\sum\limits_{k=1}^{K} \sum\limits_{t=1}^{T^k} \alpha_t^k(i) \cdot \beta_t^k(j)} \tag{A.29}$$

angegeben.

A.2 Skalierung

Bei der Auswertung der Vorwärts- und Rückwärtswahrscheinlichkeiten treten Produkte von einzelnen Wahrscheinlichkeiten – Werte die per Definition kleiner Eins sind – auf. Mit jeder Multiplikation werden die Produkte kleiner. Angesichts der großen Zahl von Faktoren besteht die Gefahr, dass die Resultate unter die Grenze der im Rechner darstellbaren Zahlen fällt. Um diesem Effekt entgegen zu wirken, werden die Werte α und β skaliert. Eine Möglichkeit ist, nach jedem Iterationsschritt die Vorwärtswahrscheinlichkeiten in der Form

$$\alpha_t'(i) = c_t \cdot \alpha_t(i) \tag{A.30}$$

mit dem jeweiligen Gewicht c_t gemäß

$$1/c_t = \sum_{j=1}^{N} \alpha_t(j) \tag{A.31}$$

zu normieren [LRS83]. Für die Skalierung der Rückwärtswahrscheinlichkeiten werden die gleichen Faktoren benutzt:

$$\beta_t'(i) = c_t \cdot \beta_t(i) \quad . \tag{A.32}$$

Durch die spezielle Wahl der Skalierung bleiben die Bestimmungsgleichungen des BWA bis auf Faktoren unverändert. Bei allen Gleichungen treten sowohl im Nenner als auch im Zähler innerhalb der Summen Produkte in der Form $\alpha_t(j) \cdot \beta_{t+1}(i)$ auf. Der Übergang zu den skalierten Größen führt zu zusätzlichen Faktoren

$$\alpha_t(j) \cdot \beta_t(i) = \prod_{l=1}^{t} c_t \cdot \alpha_t(i) \cdot \prod_{l=t+1}^{T} c_t \cdot \beta_t(i) \tag{A.33}$$

$$= \prod_{l=1}^{T} c_t \cdot \alpha_t(i) \cdot \beta_t(i) \quad .$$

Der Faktor in (A.33) ist unabhängig von t, damit für alle Summanden gleich und kann daher aus den Quotienten wieder gekürzt werden. Weiterhin eröffnet der Skalierungsalgorithmus eine einfache Möglichkeit zur Berechnung der bedingten Wahrscheinlichkeit $p(Y|M)$. Ausgehend von der Definitionsgleichung (6.24) erhält man für die skalierten Werte

$$p(Y|M) = \sum_{i=1}^{N} \alpha_T(i) \tag{A.34}$$

$$= \prod_{l=1}^{T} 1/c_l \cdot \sum_{i=1}^{N} \alpha_T'(i)$$

$$= \prod_{l=1}^{T} 1/c_l \quad .$$

Dieses Produkt ergibt zwar im Allgemeinen einen nicht mehr darstellbar kleinen Wert. Aber nach logarithmischer Abbildung gilt

$$\log p(Y|M) = -\sum_{l=1}^{T} c_l \quad , \tag{A.35}$$

eine Beziehung, die in praktischen Fällen ohne numerische Schwierigkeiten berechnet werden kann.

Um die numerische Stabilität des BWA bei kontinuierlichen Modellen zu sichern, wird weiterhin häufig der Wertebereich der Dichtefunktionen $p(y)$ beschränkt. Ansonsten können bei zu kleinen Werten die auftretenden Unterschreitungen des darstellbaren Zahlenbereichs zu Singularitäten führen. Dazu wird beispielsweise eine untere Schranke δ eingeführt und die Dichte gemäß

$$p'(\mathbf{y}) = \max(p(\mathbf{y}), \delta) \tag{A.36}$$

modifiziert. In ähnlicher Weise setzt man bei diskreten Modellen einen kleinen Mindestwert für jede Symbolwahrscheinlichkeit. Ohne diese Vorsichtsmaßnahme wird ein einzelnes, nicht passendes Symbol, dessen Auftrittswahrscheinlichkeit auf Null geschätzt wurde, die Wahrscheinlichkeit für die gesamte Folge auf Null ziehen.

Anhang B

Abkürzungen

ABNF	Augmented Backus-Naur Form
AKF	Autokorrelationsfunktion
BAS	Bayerisches Archiv für Sprachsignale
BNF	Backus-Naur Form
BOMP	BOnn Machine-Readable Pronunciation Dictionary
BWA	Baum-Welch-Algorithmus
CART	Classification And Regression Trees
CDHMM	Continuous Density Hidden Markov Models
CFG	Context-Free Grammar
DET	Detection Error Trade-off
DFT	Diskrete Fourier Transformation
DSR	Distributed Speech Recognition
DTMF	Dual Tone Multiple Frequency
DTW	Dynamic Time Warp
EER	Equal-Error-Rate
EIH	Ensemble Interval Histogram
ELDA	Evaluations and Language resources Distribution Agency
ELRA	European Language Resources Association
FFT	Fast Fourier Transformation
FIA	Form Interpretation Algorithm
FSM	Finite State Machine

GPD	Generalized Probabilistic Descent method
HLDA	Heteroskedastische Lineare Diskriminanzanalyse
HMM	Hidden-Markov-Modelle
HTK	Hidden Markov Model Toolkit
HTML	HyperText Markup Language
JSAPI	Java Speech API
JSGF	Java Speech Grammar Format
LBG	Linde-Buzo-Gray-Algorithmus
LDA	Lineare Diskriminanzanalyse
LDC	Linguistic Data Consortium
LM	Language Model
LSF	Line Spectral Frequencies
LPC	Linear Predictive Coding
MAP	Maximum-A-Posteriori-Schätzung
MCE	Minimum Classification Error
MFCC	Mel-Frequency Cepstrum Coefficients
MLE	Maximum Likelihood Estimate
MLF	Master Label File
MMI	Maximum Mutual Information
NIST	National Institute of Standards and Technology
NLSML	Natural Language Semantics Markup Language
PARCOR	PARtial CORrelation
PLP	Perceptual Linear Prediction
RASTA	RelAtive SpecTrAl Transform Perceptual Linear Prediction
SALA	SpeechDat Across Latin America
SAPI	Speech Application Programming Interface
SALT	Speech Application Language Tags
SAMPA	Speech Assessment Methods Phonetic Alphabet
SLF	Standard Lattice Format
SRGS	Speech Recognition Grammar Specification
SSML	Speech Synthesis Markup Language
TMHMM	Tied Mixture Hidden Markov Models

TTS	Text-To-Speech
VOCAPI	Voice Control API
VQ	Vektor-Quantisierung
WALDA	Whole-word Adaptive LDA
W3C	World Wide Web Consortium
WHG	Wordhypothesengraphen
XML	EXtensible Markup Language

Literaturverzeichnis

[AHB93]   AYER, C. M. ; HUNT, M. J. ; BROOKES, D. M.: A Discriminatively Derived Linear Transform for Improved Speech Recognition. In: *Eurospeech* Bd. 1. Berlin, 1993, S. 583–586

[Bak75]   BAKER, J.K.: Stochastic Modeling for Automatic Speech Understanding. In: REDDY, R. (Hrsg.): *Speech Recognition.* New York : Academic Press, 1975

[Bau72]   BAUM, L.E.: An Inequality and Associated Maximization Technique in Statistical Estimation for Probabilistic Functions of a Markov Process. In: *Inequalities* 3 (1972), S. 3–8

[BBN+00]   BATLINER, Anton ; BUCKOW, Jan ; NIEMANN, Heinrich ; NÖTH, Elmat ; WARNKE, Volker: The Prosody Module. In: WAHLSTER, W. (Hrsg.): *Verbmobil: Foundations of Speech-to-Speech Translation.* Springer, 2000, S. 106–130

[BBSM86]   BAHL, L.R. ; BROWN, P.F. ; DE SOUZA, P.V. ; MERCER, R.L.: Maximum mutual information estimation of hidden Markov model parameters for speech recognition. In: *ICASSP–86.* Tokyo, 1986, S. 49 – 52

[BBSM93]   BAHL, L.R. ; BROWN, P.F. ; DE SOUZA, P.V. ; MERCER, R.L.: Estimating hidden Markov model parameters so as to maximize speech recognition accuracy. In: *IEEE Transactions on Speech and Audio Processing* 1 (1993), Jan., Nr. 1, S. 77 – 83

[Beu99]   BEULEN, Klaus: *Phonetische Entscheidungsbäume für die automatische Spracherkennung mit großem Vokabular*, RWTH-Aachen, Diss., 1999

[BFOS84]   BREIMAN, L. ; FRIEDMAN, J. ; OLSHEN, R. ; STONE, C.: *Classification and Regression Trees.* Wadsworth and Brooks, 1984

[BHT63]   BOGERT, B. P. ; HEALY, M. J. R. ; TUKEY, J. W.: The Quefrency Analysis of Time Series for Echoes: Cepstrum, Pseudoautocovariance, Cross-Cepstrum, and Saphe Cracking. In: *Proc. Symposium Time Series Analysis*, 1963, S. 209–243

[BN90]   BELLEGARDA, J.R. ; NAHAMOO, D.: Tied mixture continuous parameter modeling for speech recognition. In: *IEEE Transactions on Acoustics, Speech, and Signal Processing* ASSP–38 (1990), S. 2033–2045

[Bod88]   BODMER, Frederick: *Die Sprachen der Welt*. Pawlak, 1988

[BPSW70]   BAUM, L.E. ; PETRI, T. ; SOULES, G. ; WEISS, N.: A Maximization Technique Occuring in the Statistical Analysis of Probabilistic Functions of Markov Chains. In: *The Annals of Mathematical Statistics* 41 (1970), S. 164–171

[BS87]   BREHM, H. ; STAMMLER, W.: Description and generation of spherically invariant speech-model signals. In: *Signal Processing* 12 (1987), Mar., Nr. 2, S. 119–141

[BSG+91]   BAHL, L.R. ; DE SOUTZA, P. V. ; GOPALAKRISHNAN, P. S. ; NAHAMOO, D. ; PICHENY, M. A.: Context dependent modeling of phones in continuous speech using decision trees. In: *Speech and Natural Language Workshop*. Pacific Grove, 1991, S. 264–269

[BWST00]   BURGER, Susanne ; WEILHAMMER, Karl ; SCHIEL, Florian ; TILLMANN, Hans G.: Verbmobil Data Collection and Annotation. In: WAHLSTER, W. (Hrsg.): *Verbmobil: Foundations of Speech-to-Speech Translation*. Springer, 2000, S. 537–549

[C+01]   CARSTENSEN, K.-U. (Hrsg.) [u. a.]: *Computerlinguistik und Sprachtechnologie: eine Einführung*. Heidelberg, Berlin : Spektrum, Akad. Verlag, 2001

[Cap01]   CAPPÉ, Olivier. *Ten years of HMMs*. http://www.tsi.enst.fr/cappe/docs/hmmbib.html. März 2001

[CCJ91]   CHANG, P.-C. ; CHEN, S.-H. ; JUANG, B.-H.: Discriminative Analysis of Distortion Sequences in Speech Recognition. In: *ICASSP–91*. Toronto, 1991, S. 549–552

[CG96]   CHEN, Stanley F. ; GOODMAN, Joshua: An Empirical Study of Smoothing Techniques for Language Modeling. In: JOSHI, Aravind (Hrsg.) ; PALMER, Martha (Hrsg.): *Proceedings of the Thirty-Fourth Annual Meeting of the Association for Computational Linguistics*. San Francisco : Morgan Kaufmann Publishers, 1996, S. 310–318

[Cis02]   Cisco Systems, Comverse, Intel Corporation, Microsoft Corporati-
            on, Philips Electronics N.V., SpeechWorks International: *Speech
            Application Language Tags (SALT) 1.0 Specification.* 2002

[CJ92]   CHANG, P.-C. ; JUANG, B.-H.: Discriminative template training
            for dynamic programming speech recognition. In: *ICASSP–92.* San
            Francisco, 1992, S. I–493–496

[CJL92]   CHOU, W. ; JUANG, B.H. ; LEE, C.H.: Segmental GPD training
            of HMM based speech recognizer. In: *ICASSP–92.* San Francisco,
            1992, S. I–473–476

[Dan01]   DANZ, Christian: *Beiträge zur objektiven akustischen Güteprüfung
            von kleinen Elektrogetriebemotoren mit Hidden Markov Modellen.*
            Aachen : Shaker Verlag, 2001

[Den94]   DENG, L.: Integrated optimization of dynamic feature parameters
            for hidden Markov modeling of speech. In: *IEEE Signal Processing
            Letters* SPL-1 (1994), S. 66–69

[DKK97]   DAU, T. ; KOLLMEIER, B ; KOHLRAUSCH, A.: Modeling auditory
            processing of amplitude modulation. I. Modulation detection and
            masking with narrowband carriers. In: *Journal of the Acoustical
            Society of America* 102 (1997), S. 2892–2905

[Dod85]   DODDINGTON, G. R.: Speaker Recognition – Identifying People
            by their Voices. In: *Proceedings of the IEEE* Vol. 73 (1985), S.
            1651–1664

[Doo90]   DOOB, Joseph L.: *Stochastic Processes.* Wiley, 1990

[Dra99]   DRAXLER, C.: Specification of Database Interchange Format /
            SpeechDat-Car. 1999. – Forschungsbericht

[ECM99]   ECMA: *Standard ECMA-262: ECMAScript Language Specification.*
            1999

[EEW92]   ENGLERT, F. ; EULER, S. ; WOLF, D.: Zur Variabilität sprach-
            licher Äußerungen in der sprecherunabhängigen Einzelworterken-
            nung. In: MANGOLD, H. (Hrsg.): *Sprachliche Mensch–Maschine-
            Kommunikation.* München : Oldenbourg, 1992, S. 15–24

[EH93]   EPPINGER, B. ; HERTER, E.: *Sprachverarbeitung.* Carl Hanser
            Verlag, 1993

[Eul89]   EULER, S.:   Sprecherunabhängige Einzelworterkennung auf der Grundlage stochastischer Wortmodelle. In: *AEÜ* 43 (1989), S. 303–307

[Eul94]   EULER, S.: Ein System zur Erkennung buchstabierter Namen. In: *DAGA–94.* Dresden, 1994, S. 1265–1268

[Eul95]   EULER, S.: Integrated Optimization of Feature Transformation for Speech Recognition. In: *EUROSPEECH 95.* Madrid, 1995, S. 109–112

[Eul05]   EULER, S.:   Java Tools for Teaching Speech Recognition.   In: *ICASSP–2005.* Philadelphia, 2005

[Fan60]   FANT, G.: *Acoustic theory of speech production.* Den Haag : Mouton, 1960

[FHW04]   FÜGEN, Christian ; HOLZAPFEL, Hartwig ; WAIBEL, Alex: Tight Coupling of Speech Recognition and Dialog Management — Dialog-Context Dependent Grammar Weighting for Speech Recognition. In: *Intl. Conf. on Speech and Language Processing (ICSLP).* Jeju-Island, Korea, October 2004

[Fin03]   FINK, Gernot A.: *Mustererkennung mit Markov-Modellen.* Wiesbaden : B.G. Teubner, 2003

[Fur81]   FURUI, S.: Cepstral Analysis Technique for Automatic Speaker Verification. In: *IEEE Transactions on Acoustics, Speech, and Signal Processing* ASPP-29 (1981), S. 254–272

[Geg99]   GEGENMANTEL, Eike: VOCAPI - Small Standard API for Command & Control. In: *EUROSPEECH 99.* Budapest, 1999

[Ghi92]   GHITZA, O.: Auditory nerve representation as a basis for speech processing. In: FURUI, S. (Hrsg.) ; SONDHI, M. M. (Hrsg.): *Advances in speech signal processing.* New York : Marcel Dekker, 1992, S. 453–485

[GK03]   GÜNTHER, Carsten ; KLEHR, Markus: *VoiceXML 2.0.* Bonn : mitp, 2003

[GM76]   GRAY, JR., A. H. ; MARKEL, J.: Distance measures for speech processing. In: *IEEE Transactions on Acoustics, Speech, and Signal Processing* 24 (1976), S. 380–391

[Gra84]   GRAY, R.M.: Vector quantization. In: *IEEE ASSP Magazine* 1 (1984), S. 4–29

[HDH⁺99] HÖGE, H. ; DRAXLER, C. ; VAN DEN HEUVEL, H. ; JOHANSEN, F. ; SANDERS, E. ; TROPF, H.: SpeechDat Multilingual Speech Databases for Teleservices: Across the Finish Line. In: *EUROSPEECH 99*. Budapest, 1999

[Her90] HERMANSKY, H.: Perceptual linear predictive (PLP) analysis of speech. In: *Journal of the Acoustic Society of America* 87 (1990), Apr., Nr. 4, S. 1738–1752

[HJ89] HUANG, X. ; JACK, M.: Semi–Continuous Hidden Markov Models for Speech Signals. In: *Computer Speech and Language* 3 (1989), S. 239–252

[HL89] HUNT, M.J. ; LEFÈBVRE, C.: A comparison of several acoustic representations for speech recognition with degraded and undegraded speech. In: *ICASSP-89*. Glasgow, 1989, S. 262–265

[HM94] HERMANSKY, H. ; MORGAN, N.: RASTA processing of speech. In: *IEEE Transactions on Speech and Audio Processing* 2 (1994), Nr. 4, S. 578–589

[HM04] HUNT, Andrew ; MCGLASHAN, Scott: *Speech Recognition Grammar Specification Version 1.0*. W3C Recommendation, March 2004

[Hor99] HORVITZ, Eric: Principles of mixed-initiative user interfaces. In: *ACM SIGCHI Conference on Human Factors in Computing Systems (CHI'99)*. Pittsburgh, PA, May 1999, S. 159–166

[HW99] HALLER-WOLF, Angelika: Weil ich hatte keine Zeit. Zu weil mit Verbzweitstellung in kausalen Nebensätzen. In: *Sprachspiegel* 3 (1999)

[Ita76] ITAKURA, F.: Minimum Prediction Residual Principle Applied to Speech Recognition. In: *IEEE Transactions on Acoustics, Speech, and Signal Processing* ASSP-23 (1976), S. 67–72

[JB92] JEKOSCH, U. ; BECKER, T.: Maschinelle Generierung von Aussprachevarianten: Perspektiven für Sprachsynthese- und Spracherkennungssysteme. In: MANGOLD, H. (Hrsg.): *Sprachliche Mensch–Maschine-Kommunikation*. München : Oldenbourg, 1992, S. 25–32

[Jel98] JELINEK, F.: *Statistical Methods in Speech Recognition*. MIT Press, 1998

[JK92] JUANG, B.-H. ; KATAGIRI, S.: Discriminative Learning for Minimum Error Classification. In: *IEEE Transactions on Signal Processing* 40 (1992), S. 3043–3053

[JLM93]   JOUVET, D. ; LOKBANI, M.N. ; MONNÉ, J.: Application of the
            N–best Solutions Algorithm to Speaker-Independent Spelling Reco-
            gnition over the Telephone. In: *EUROSPEECH 93*. Berlin, 1993,
            S. 2081–2084

[JRW87]   JUANG, B.-H. ; L. RABINER ; WILPON, J.: On the use of bandpass
            liftering in speech recognition. In: *IEEE Transactions on Acoustics,
            Speech, and Signal Processing* 35 (1987), S. 947 – 954

[Jua84]   JUANG, B.-H.: On the Hidden Markov model and dynamic time
            warping for speech recognition – a unified view. In: *AT&T Technical
            Journal* 63 (1984), S. 1213–1243

[JWS+95]   JURAFSKY, D. ; WOOTERS, C. ; SEGAL, J. ; STOLCKE, A. ; FOS-
            LER, E. ; TAJCHAMAN, G. ; MORGAN, N.: Using a stochastic
            context-free grammar as a language model for speech recognition.
            In: *ICASSP-95*. Detroit, 1995

[KA96]   KUMAR, Nagendra ; ANDREOU, Andreas G.: On Generalizations
            of Linear Discriminant Analysis / Dept. ECE, Johns Hopkins Uni-
            versity. 1996 (JHU/ECE-96-07). – Forschungsbericht

[KL51]   KULLBACK, S. ; LEIBLER, R.A.: On Information and Sufficiency.
            In: *Annals of Mathematical Statistics* 22 (1951), S. 79–86

[Kor01]   KORTHAUER, Andreas: *Methoden der Merkmalsextraktion für die
            robuste Erkennung von Buchstabiersequenzen in geräuschbehafteter
            Umgebung*. Aachen : Shaker-Verlag, 2001

[Kra94]   KRANIAUSKAS, P.: A plain man's guide to the FFT. In: *IEEE
            Signal Processing Magazine* 11 (1994), April, Nr. 2, S. 24–35

[KT83]   KUHN, M. H. ; TOMASCHEWSKI, H. H.: Improvements in Isolated
            Word Recognition. In: *IEEE Transactions on Acoustics, Speech,
            and Signal Processing* ASSP-31 (1983), S. 157–167

[Kum97]   KUMAR, Nagendra: *Investigation of Silicon Auditory Models and
            Generalization of Linear Discriminant Analysis for Improved Speech
            Recognition*. Baltimore, Johns Hopkins University, Diss., 1997

[LBG80]   LINDE, Y. ; BUZO, A. ; GRAY, R.M.: An Algorithm for Vector
            Quantization. In: *IEEE Transactions on Communications* COM–
            28 (1980), S. 84–95

[Lee88]   LEE, K.-F.: *Large–Vocabulary Speaker–Independent Continuous
            Speech Recognition: the SPHINX System*, Carnegie Mellon Univer-
            sity, Diss., 1988

[Lev65]   LEVENSHTEIN, Vladimir I.: Binary codes capable of correcting dele-
           tions, insertions, and reversals (in Russisch). In: *Doklady Akademii
           Nauk SSSR* 163 (1965), Nr. 4, S. 845–848

[LHH89]   LEE, K.-F. ; HON, H.-W. ; HWANG, M.-Y.: Recent Progress in the
           SPHINX Speech Recognition System. In: *Proc. of the Speech and
           Natural Language Workshop.* Philadelphia, PA, 1989, S. 125–130

[Lip82]   LIPORACE, L.A.: Maximum Likelihood Estimation for Multivariate
           Observations of Markov Sources. In: *IEEE Transactions on Infor-
           mation Theorie* IT–28 (1982), S. 729–734

[LRS83]   LEVINSON, S.E. ; RABINER, L.R. ; SONDHI, M.M.: An Introduction
           to the Application of the Theory of Probabilistic Functions of a
           Markov Process to Automatic Speech Recognition. In: *Bell System
           Technical Journal* 62 (1983), S. 1035–1074

[Mak75]   MAKHOUL, J.: Linear Prediction: A Tutorial Review. In: *Procee-
           dings of the IEEE* 63 (1975), S. 561–580

[Man00]   MANGOLD, Max (Hrsg.): *DUDEN Aussprachewörterbuch.* Mann-
           heim : Bibliographisches Institut, 2000

[Mar03]   MARACKE, Ernst: *VoiceXML 2.0 - Konzepte, Projektmethodik und
           Programmierung von Sprachdialogsystemen.* Bonn : Galileo Press,
           2003

[MBC+04]   McGLASHAN, Scott ; BURNETT, Daniel C. ; CARTER, Jerry ; DA-
           NIELSEN, Peter ; FERRANS, Jim ; HUNT, Andrew ; LUCAS, Bruce ;
           PORTER, Brad ; REHOR, Ken ; TRYPHONAS, Steph: *Voice Extensi-
           ble Markup Language (VoiceXML) Version 2.0.* W3C Recommen-
           dation, March 2004

[MDK+97]   MARTIN, Alvin ; DODDINGTON, George ; KAMM, Terri ; ORDOW-
           SKI, Mark ; PRZYBOCKI, Mark: The DET Curve in Assessment
           of Detection Task Performance. In: *Eurospeech.* Rhodes, 1997, S.
           1895–1898

[MG76]   MARKEL, J.D. ; GRAY JR., A.H.: *Linear Prediction of Speech.* New
           York : Springer, 1976

[MKL+00]   MAKHOUL, J. ; KUBALA, F. ; LEEK, T. ; LIU, Daben ; NGUYEN,
           Long ; SCHWARTZ, R. ; SRIVASTAVA, A.: Speech and language
           technologies for audio indexing and retrieval. In: *Proceedings of the
           IEEE* 88 (2000), S. 1338–1353

[MLD+00]   MORENO, A. ; LINDBERG, B. ; DRAXLER, C. ; RICHARD, G. ; CHOUKRI, K. ; EULER, S. ; ALLEN, J.: Speechdat–Car. A large speech database for automotive environments. In: *LREC*. Athen, 2000

[MRR80]   MYERS, C. ; RABINER, L. ; ROSENBERG, A: Performance tradeoffs in dynamic time warping algorithms for isolated word recognition. In: *IEEE Transactions on Acoustics, Speech, and Signal Processing* 28 (1980), S. 623–635

[NCDM94]   NORMANDIN, Y. ; CARDIN, R. ; DE MORI, R.: High-Performance Connected Digit Recognition Using Maximum Mutual Information Estimation. In: *IEEE Transactions on Speech and Audio Processing* 2 (1994), April, Nr. 2, S. 299–311

[Ney91]   NEY, H.: Dynamic programming parsing for context-free grammars in continuous speech recognition. In: *IEEE Transactions on Acoustics, Speech, and Signal Processing* 39 (1991), S. 336–340

[NMNP92]   NEY, H. ; MERGEL, D. ; NOLL, A. ; PAESELER, A.: Data driven ogranization of the dynamic programming beam search for continuous speech recognition. In: *IEEE Transactions on Signal Processing* SP-40, No. 2 (1992), S. 272–281

[OAB+05]   OSHRY, Matt ; AUBURN, RJ ; BAGGIA, Paolo ; BODELL, Michael ; BURKE, David ; BURNETT, Daniel C. ; CANDELL, Emily ; KILIC, Hakan ; MCGLASHAN, Scott ; LEE, Alex ; PORTER, Brad ; REHOR, Ken: *Voice Extensible Markup Language (VoiceXML) Version 2.0.* W3C Recommendation, June 2005

[O'S87]   O'SHAUGHNESSY, D.: *Speech Communication Human and Machine.* Reading : Addison-Wesley, 1987

[Pau98]   PAULUS, Erwin: *Sprachsignalverarbeitung: Analyse, Erkennung, Synthese.* Heidelberg, Berlin : Spektrum, Akad. Verlag, 1998

[Pea01]   PEARCE, D.: Developing the ETSI Aurora advanced distributed speech recognition front-end and what next? In: *IEEE Workshop on Automatic Speech Recognition and Understanding, (ASRU)*, 2001, S. 131– 134

[PKS95]   PORTELE, T. ; KRÄMER, J. ; STOCK, D.: Symbolverarbeitung im Sprachsynthesesystem Hadifix. In: *Proc. 6. Konferenz Elektronische Sprachsignalverarbeitung.* Wolfenbüttel, 1995, S. 97–104

[Rei94]   REININGER, Herbert: *Stochastische und neuronale Konzepte zur automatischen Spracherkennung*. Wissenschaftliche Buchhandlung Theo Hector, 1994

[Rei96]   REICHL, Wolfgang: *Diskriminative Lernverfahren für die automatische Spracherkennung*. Aachen : Shaker-Verlag, 1996

[RJ93]   RABINER, L.R. ; JUANG, B.H.: *Fundamentals of Speech Recognition*. Prentice Hall, 1993

[RLS83]   RABINER, L.R. ; LEVINSON, S.E. ; SONDHI, M.M.: On the Application of Vector Quantization and Hidden Markov Models to Speaker–Independent, Isolated Word Recognition. In: *Bell System Technical Journal* 62 (1983), S. 1075–1105

[RMCPH98] ROSENBERG, Aaron E. ; MAGRIN-CHAGNOLLEAU, Ivan ; PARTHA-SARATHY, S. ; HUANG, Qian: Speaker detection in broadcast speech databases. In: *ICSLP 98*. Sydney, 1998

[RS78]   RABINER, L.R. ; SCHAFER, R.W.: *Digital Processing of Speech Signals*. Englewood Cliffs : Prentice Hall, 1978

[RS86]   ROSENBERG, A. E. ; SOONG, F. K.: Evaluation of a Vector Quantisation Talker Recognition System in Text Independent and Text Dependent Modes. In: *ICASSP-86*. Tokyo, 1986, S. 873–876

[Rus88]   RUSKE, G.: *Automatische Spracherkennung: Methoden der Klassifikation und Merkmalsextraktion*. Oldenburg, 1988

[SC78]   SAKOE, H. ; CHIBA, S.: Dynamic Programming Algorithm Optimization for Spoken Word Recognition. In: *IEEE Transactions on Acoustics, Speech, and Signal Processing* ASSP-26 (1978), S. 43–49

[SC90]   SCHWARTZ, R. ; CHOW, Y.-L.: The N–best algorithm: an efficient and exact procedure for finding the N most likely sentence hypotheses. In: *ICASSP-90*. Albuquerque, 1990, S. 81–84

[Sed94]   SEDGEWICK, R.: *Algorithmen in C++*. Addison-Wesley, 1994

[SMMN01]   SCHLÜTER, R. ; MACHEREY, W. ; MÜLLER, B. ; NEY, H.: Comparison of discriminative training criteria and optimization methods for speech recognition. In: *Speech Communication* 34 (2001), S. 287–310

[SNA+95]   STEINBISS, V. ; NEY, H. ; AUBERT, X. ; BESLING, S. ; DUGAST, C. ; ESSEN, U. ; GELLER, D. ; HAEB-UMBACH, R. ; KNESER, R. ; MEIER, H. G. ; OERDER, M. ; TRAN, B. H.: The Philips Research system for continuous-speech recognition. In: *Philips Journal of Research* 49 (1995), Nr. 4, S. 317–352

[SNT+85] SUGAWARA, K. ; NISHIMURA, M. ; TOSHIOKA, K. ; OKOCHI, M. ; KANEKO, T.: Isolated word recognition using Hidden Markov Models. In: *ICASSP-85*. Tampa, 1985, S. 1–4

[ST99] SCHUKAT-TALAMAZZINI, E. G.: *Automatische Spracherkennung*. Vieweg, 1999

[STHN95] SCHUKAT-TALAMAZZINI, E. G. ; HORNEGGER, J. ; NIEMANN, H.: Optimal linear feature transformations for semi–continuous hidden Markov models. In: *ICASSP-95*. Detroit, 1995

[STKN93] SCHUKAT-TALAMAZZINI, E.G. ; KUHN, T. ; NIEMANN, H.: Das PO-LYPHON — eine neue Wortuntereinheit zur automatischen Spracherkennung. In: *Fortschritte der Akustik (Proc. DAGA'93)*. Frankfurt, 1993, S. 948–951

[Sun98a] Sun Microsystems: *Java Speech API Programmer's Guide, Version 1.0*. 1998

[Sun98b] Sun Microsystems: *Java Speech Grammar Format Specification Version 1.0*. 1998

[Sus99] SUSEN, Axel: *Spracherkennung: Kosten, Nutzen, Einsatzmöglichkeiten*. Berlin und Offenbach : VDE-Verlag Markt und Technik, 1999

[Tic03] VAN TICHELEN, Luc: *Semantic Interpretation for Speech Recognition*. W3C Working Draft, April 2003

[VHH98] VARY, Peter ; HEUTE, Ulrich ; HESS, Wolfgang: *Digitale Sprachsignalverarbeitung*. Teubner Verlag, 1998

[Vin71] VINTSYUK, T.K.: Elementwise Recognition of continuous speech composed of words from a specified dictionary. In: *Cybernetics* 7 (1971), S. 133–143

[Vit67] VITERBI, A.J.: Error bounds for convolutional codes and an asymptotically optimum decoding algorithm. In: *IEEE Transactions on Information Theorie* IT–13 (1967), S. 260–269

[VW02] VOSSEN, G. ; WITT, K.-U.: *Grundlagen der Theoretischen Informatik mit Anwendungen*. Vieweg, 2002

[Wah00]   WAHLSTER, W. (Hrsg.): *Verbmobil: Foundations of Speech-to-Speech Translation.* Springer, 2000

[WLK+04]   WALKER, Willie ; LAMERE, Paul ; KWOK, Philip ; RAJ, Bhiksha ; SINGH, Rita ; GOUVEA, Evandro ; WOLF, Peter ; WOELFEL, Joe: Sphinx-4: A Flexible Open Source Framework for Speech Recognition. In: *SUN Microsystems Inc.* (2004)

[WR85]   WILPON, J.G. ; RABINER, L.R.: A modified K–means clustering algorithm for use in isolated word recognition. In: *IEEE Transactions on Acoustics, Speech, and Signal Processing* ASSP–33 (1985), S. 587–594

[YEH+02]   YOUNG, S. J. ; EVERMANN, Gunnar ; HAIN, Thomas ; KERSHAW, Dan ; MOORE, Gareth ; ODELL, Julian ; OLLASON, Dave ; POVEY, Dan ; VALTCHEV, Valtcho ; WOODLAND, Phil: *The HTK Book.* Cambridge University Engineering Department, 2002

[You04]   YOUNG, S. J.: *ATK An Application Toolkit for HTK.* Cambridge University Engineering Department, 2004

[YOW94]   YOUNG, S. ; ODELL, J. ; WOODLAND, P.: Tree-based state tying for high accuracy acoustic modelling. In: *Proceedings ARPA Workshop on Human Language Technology*, 1994

[Zin93]   ZINKE, J.: Verfahren und Systeme für die Sprecherverifikation. In: *DAGA–93.* Frankfurt, 1993, S. 112–119

[Zwi82]   ZWICKER, E.: *Psychoakustik.* Berlin : Springer, 1982

Index

Mit Bestsellern aus dem Bereich IT lernen

Dietrich May

Grundkurs Software-Entwicklung mit C++

Praxisorientierte Einführung mit Beispielen und Aufgaben - Exzellente
Didaktik und Übersicht

2., überarb. u. erw. Aufl. 2006. XVI, 540 S. Br. € 29,90   ISBN 3-8348-0125-9

Programmentwicklung von der Idee bis zur sicheren Lösungsstrategie -
Darstellung von Zahlen und Zeichen, Logik, Dateiaufbau - Grundlagen der
Programmier-Elemente: Schleifen, Wiederholungen, Funktionen, Klassen,
Objekte, Vererbung - Methoden zur systematischen Software-Entwicklung

Dietmar Abts

Grundkurs JAVA

Von den Grundlagen bis zu Datenbank- und Netzanwendungen

4., verb. u. erw. Aufl. 2004. X, 408 S. mit Online-Service. Br. € 19,90

ISBN 3-528-35711-8

Klassen, Objekte, Interfaces und Pakete - Ein- und Ausgabe - Multithreading
- Grafische Oberflächen mit Swing, Applets - Datenbankzugriffe mit JDBC -
Netzanwendungen - Spracherweiterungen der Version J2SE 5.0

André Maassen/Markus Schoenen/Ina Werr

Grundkurs SAP R/3®

Lern- und Arbeitsbuch mit durchgehendem Fallbeispiel -
Konzepte, Vorgehensweisen und Zusammenhänge mit Geschäftsprozessen

3., durchges. u. verb. Aufl. 2005. XXIV, 608 S. mit 256 Abb. u. 25 Tab.

Br. € 39,90   ISBN 3-528-25790-3

Technische Aspekte - Benutzerkonzept und Handhabung - Unternehmens-
strukturen in Personalwirtschaft, Materialwirtschaft, Vertrieb und Finanz-
wesen - Fallstudiengestützte Einführung in die Arbeit mit Stammdaten und
Bewegungsdaten - Screenshot-basierte Arbeitsanweisungen - Erste Schritte
mit Report Painter und Report Writer

vieweg

Abraham-Lincoln-Straße 46
65189 Wiesbaden
Fax 0611.7878-400
www.vieweg.de

Stand 1.1.2006. Änderungen vorbehalten.
Erhältlich im Buchhandel oder im Verlag.

Grundlagen verstehen und umsetzen

Andreas Gadatsch
Grundkurs Geschäftsprozess-Management
Methoden und Werkzeuge für die IT-Praxis:
Eine Einführung für Studenten und Praktiker
4., verb. u. erw. Aufl. 2005. XXIV, 460 S. mit 335 Abb. Br. € 34,90

ISBN 3-8348-0039-2

Gunther Friedl/Christian Hilz/Burkhard Pedell
Controlling mit SAP®
Eine praxisorientierte Einführung - Umfassende Fallstudie -
Beispielhafte Anwendungen
4., verb. u. erw. Aufl. 2005. XXII, 275 S. Br. € 39,90   ISBN 3-8348-0101-1
Überblick über Controlling mit SAP - Durchgängige Fallstudie - Kostenstellen-
rechnung - Produktkalkulation und Kostenträgerrechnung - Ergebnis- und
Marktsegmentrechnung - Konzeptionelle Entwicklungen des Controlling und
ihre Abdeckung durch SAP (SEM, BW) - Vorbereitende Tätigkeiten im Custo-
mizing - Nutzung von Vorlagemandanten

Paul Alpar/Heinz Lothar Grob/Peter Weimann/Robert Winter
Anwendungsorientierte Wirtschaftsinformatik
Strategische Planung, Entwicklung und Nutzung von Informations- und
Kommunikationssystemen
4., verb. u. erw. Aufl. 2005. XVI, 495 S. mit 199 Abb. u. Online Service.
Br. € 29,90   ISBN 3-528-35656-1
Informations- und Kommunikationssysteme in Unternehmen - Informations-
und Wissensmanagement - Controlling der Informationsverarbeitung -
Ganzheitliche Gestaltung von Informations- und Kommunikationssystemen -
Architektur betrieblicher Anwendungssysteme - Methoden und Werkzeuge
zur Entwicklung und Einführung von Software - Informations- und
Kommunikationstechnologie

vieweg

Abraham-Lincoln-Straße 46
65189 Wiesbaden
Fax 0611.7878-400   Stand 1.1.2006. Änderungen vorbehalten.
www.vieweg.de   Erhältlich im Buchhandel oder im Verlag.